Karl Ruß

Die Amazonaspapageien

Verone

Karl Ruß

Die Amazonaspapageien

1st Edition | ISBN: 978-9-92500-024-1

Place of Publication: Nikosia, Cyprus

Erscheinungsjahr: 2015

TP Verone Publishing House Ltd.

Beschreibung der Amazonaspapageien, Nachdruck des Originals von 1896.

Die Amazonenpapageien.

Ihre
Naturgeschichte, Pflege und Abrichtung.

Von

Mit einer Tafel in Farbendruck, 7 Tafeln in Schwarzdruck und 3 Holzschnitten im Text.

Vorwort.

Ganz ebenso, wie mein kürzlich erschienenes Bändchen „Der Graupapagei" habe ich auch dies Buch lediglich um deswillen herausgegeben, weil die darin behandelten Vögel zu unseren allerbeliebtesten Stubengenossen gehören. Es ist ebenfalls bestimmt für die zahlreichen Liebhaber, die nur einen Vogel zu halten und über diesen für einen verhältnißmäßig billigen Preis gründliche, befriedigende Belehrung zu finden wünschen.

„Die Amazonen" sind übrigens kein bloßer Auszug aus meinem Buch „Die sprechenden Papageien". Ich habe vielmehr sowol auf dem Gebiet der wissenschaftlichen Erforschung, wie auf dem der praktischen Vogelpflege alle Fortschritte sorgsam berücksichtigt, die seit dem Erscheinen der zweiten Auflage des genannten Werks gewonnen worden. Mein Sohn Karl Ruß hat die Bearbeitung des Gesammttextes in diesem Sinne durchgeführt.

So werden selbst die Liebhaber, welche jenes größre Buch bereits besitzen, hier in den „Amazonenpapageien" gar mancherlei Neues und Willkommenes finden. Es sind z. B. inzwischen zwei neue Arten festgestellt worden, von denen die eine bereits lebend zu uns gelangte; andrerseits sind von rührigen Nadlermeistern und Käfigfabrikanten an den bestehenden Käfigen Verbesserungen angebracht worden; ferner haben sich die Verhältnisse des Handels, bzl. der Ueberführung der Papageien aus Amerika bedeutsam geändert u. s. w.

Um den Liebhabern und Händlern entgegenzukommen, habe ich die jetzt auf dem Vogelmarkt hier und da üblichen, von den meinigen abweichenden, von Prof. Dr. A. Reichenow aufgestellten Namen mit aufgeführt, sodaß sich die Liebhaber besser zurechtfinden können.

Somit hoffe ich, da auch dies Buch in jeder Hinsicht auf der Höhe der Zeit steht, daß es den Anforderungen aller Leser voll und ganz entsprechen werde.

Berlin, im Frühjahr 1896.

Dr. Karl Ruß.

Inhalt.

Seite

Einleitung 1
Die Amazonenpapageien 2
Beschreibung 2; Heimat, Aufenthalt, Ernährung und
ganze Lebensweise 3—6; Ausheben aus den Nestern und
Aufzucht 6; Zähmung und Abrichtung durch die Eingeborenen 7; Handel und Ueberführung 8; Ernährung
und Behandlung unterwegs 9; Preise 11; Vorenthaltung
des Trinkwassers 11; Handel in Europa („Uhlis") 12.
Die Amazone mit rothem Flügelbug (Psittacus
[Androglossa] aestivus, *Lath.*) 14
Die Venezuela-Amazone (Psittacus [Androglossa]
amazonicus, *L.*) 17
**Die große gelbköpfige Amazone oder der doppelte
Gelbkopf** (Psittacus [Androglossa] Levaillanti, *Gr.*) 18
Die Surinam- oder gelbscheitelige Amazone (Psittacus [Androglossa] ochrocephalus, *Gml.*) . . . 21
Die Panama-Amazone (Psittacus [Androglossa]
panamensis, *Cb.*) 24
Hagenbeck's Amazone (Psittacus [Androglossa]
Hagenbecki, *Rss.*) 25
**Die kleine gelbköpfige Amazone oder der kleine
Gelbkopf** (Psittacus [Androglossa] ochrópterus,
Gml.) 26
Rothschild's Amazone (Psittacus [Androglossa]
Rothschildi, *Hartert*) 29
Die Müller-Amazone (Psittacus [Androglossa] farinosus, *Bdd.*) 29

VI

                                                      Seite

Die gelbnackige Amazone (Psittacus [Androglossa] auripalliatus, *Less.*) 31

Natterer's Amazone (Psittacus [Androglossa] Nattereri, *Fnsch.*) 32

Die Guatemala=Amazone (Psittacus [Androglossa] Guatemalae, *Hartl.*) 33

Die Amazone mit gelbem Daumenrand (Psittacus [Androglossa] mercenarius, *Tschd.*) . . . 34

[Die graunackige oder Halsbandamazone; Psittacus canipalliatus, *Cb.*] 35

Bouquet's Amazone (Psittacus [Androglossa] Bouqueti, *Bchst.*) 35

Die blaumaskirte Amazone (Psittacus cyanops, *Vll.*; Androglossa versicolor, *Müll.*) 36

Die braunschwänzige Amazone (Psittacus [Androglossa] augustus, *Vgrs.*) 37

Guilding's Amazone (Psittacus [Androglossa] Guildingi, *Vig.*) 37

Die gelbbäuchige Amazone (Psittacus [Androglossa] xanthops, *Spx.*) 38

Die blaukehlige Amazone (Psittacus [Androglossa] festivus, *L.*) 39

Bodinus' Amazone (Psittacus [Androglossa] Bodini, *Fnsch.*) 40

Die St. Domingo=Amazone (Psittacus Salléi, *Scl.*; Androglossa ventralis, *Müll.*) 42

Die rothstirnige Portoriko=Amazone (Psittacus [Androglossa] vittatus, *Bdd.*) 43

Die weißköpfige Amazone mit rothem Bauchfleck (Psittacus [Androglossa] leucocephalus, *L.*) . 44

Die weißköpfige Amazone ohne rothen Bauchfleck (Psittacus [Androglossa] collarius, *L.*) . . . 46

VII

                                                            Seite

Die **Brillen-Amazone** (Psittacus [Androglossa] albifrons, *Sprrm.*) 47

Die **weißstirnige Amazone mit gelbem Zügel- und Kopfstreif** (Psittacus [Androglossa] xantholórus, *Gr.*) 49

Prêtre's Amazone (Psittacus [Androglossa] Prêtrei, *Tmm.*). 50

Die **Amazone mit rothen Flügelbecken** (Psittacus [Androglossa] agilis, *L.*) 51

Die **rothmaskirte Amazone** (Psittacus [Androglossa] brasiliensis, *L.*) 52

Die **rothschwänzige Amazone** (Psittacus [Androclossa] erythrurus, *Khl.*) 53

Die **weinrothe Amazone** (Psittacus [Androglossa] vináceus, *Pr. Wd.*) 55

Die **scharlachstirnige Amazone** (Psittacus coccinifrons, *Snc.*; Androglossa viridigenalis, *Cass.*) . . . 57

Finsch' Amazone (Psittacus [Androglossa] Finschi, *Scl.*) 58

Die **gelbwangige Amazone** (Psittacus [Androglossa] autumnalis, *L.*) 59

Die **Diadem-Amazone** (Psittacus [Androglossa] diadematus, *Spx.*) 60

Heck's Amazone (Psittacus [Androglossa] Hecki, *Reichw.*) 61

Dufresne's Amazone (Psittacus [Androglossa] Dufresnei, *Sws.*) 62

Die **blauwangige Amazone** (Psittacus coeligenus, *Lwrnc.*; Androglossa caeruligena, *Lawr.*) . . 63

Einkauf, Verpflegung und Abrichtung . . . 64

    Einkauf (Gesundheitskennzeichen 64; Rathschläge zum

Einkauf 65; Behandlung des frischangekauften Vogels 67; Uebelstände im Handel 69 [akklimatisirte Vögel 70]).

Versendung (im Großhandel 71; im Binnenlande 72).

Empfang und Eingewöhnung (Uebersiedlung aus dem Versandt- in den Wohnkäfig oder auf den Ständer 74).

Käfig und Ständer 77 („Ornis"-Käfig 78 [Boden 78; Drahtgitter, Schublade 79; Sockel, Sitzstange 80; Futter- und Trinkgefäße, Sitzstange oberhalb des Bauers, Schaukel 81]; Schindler's verbesserter „Ornis"-Käfig 82; Manecke's Verbesserungen 83; ungeeignete Käfige 83; Lackanstrich 83; Warnung vor Zuckersäure 84; Ständer mit Ring oder Bügel 84 [Kletterstangen 85; Schmölz' Papageienständer 86]; Fußkette 88).

Ernährung 90 (unzweckmäßige Nahrungsmittel 90; zweckmäßige Nahrungsmittel [Hanf, gekochter Mais 91; Weißbrot 92; Obst 93; Leckerbissen, Zweige zum Benagen 94]; gute Beschaffenheit der Futtermittel 95; Matschfutter, Warnung vor menschlichen Nahrungsmitteln 95; Folgen naturwidriger Ernährung 96; Kalk, Sand, Trinkwasser 97; [kein Kaffee oder Thee 98]).

Zähmung und Abrichtung 99 (Merkmale der Begabung 101; Zähmung 102—108 [Z. mit Gewalt 102; sachgemäße Z. 104; Bestrafung 105; Abgewöhnung des Schreiens 106]; Zungenlösen 109; Abrichtung zum Sprechenlernen 109; [Damenvogel 110]; Abrichtung zum Lieder nachflöten 111; verschiedenartige Begabung 113; Werthabschätzung der verschiedenen Sprecher 114; Empfindlichkeit der Papageien gegen alle Veränderungen 115; Papageienlehrer 117; [häßliche Lieder oder Worte 117]; Klarstellung der Begriffe über die Sprachfähigkeit

und das Verständniß für die gelernten Worte 118;
Pretse 119).

Gesundheitspflege und Krankheiten 120

Gesundheitspflege (schädliche Einflüsse 120; [Zug= luft 120]; Wärme 121; Verhängen zur Nacht, Gefieder= pflege 122; [Pabbeln im Sande 124]; Mauser oder Federnwechsel 124; Fußpflege 126).

Krankheiten (Anleitung zur Feststellung der Krank= heiten und zum Beibringen der Heilmittel 126 [Er= krankungszeichen 128; Kothfressen 130]; Krankheiten der Luftwege und Athmungswerkzeuge 130 [Schnupfen, Katarrh der Luftröhre 130; Heiserkeit, Asthma, Kurzathmigkeit 131; Husten 132; Lungenent= zündung 132; Lungenschwindsucht oder =Tuberkulose 133; Diphteritis und Kroup oder diphteritisch=kroupöse Schleimhautentzündung 134]; Erkrankungen des Magens und der übrigen Eingeweide 135 [Ver= dauungsschwäche 136; Magen= und Darmentzündung 136; Gregarinen 137; Durchfall 138; Ruhr 139; Kalk= durchfall und Typhus 139; Verstopfung 140; Sepsis oder Faulfieber 141; Folgekrankheit der Sepsis 144; Salicylsäure=Kur 144; Würgen und Erbrechen 145]; Parungstrieb 146; Verstellung 147; Wassersucht 148; Krankheiten der Leber und Milz 148 [Gelbsucht 148]; Gehirnerkrankungen 149 [Gehirnschlag 149; Krämpfe, epileptische Anfälle 150; Lähmung 151]; Vergiftungen 151; Eingeweidewürmer 155; Aeußer= liche Krankheiten 155 [Wunden 155; Knochen= brüche 157; Geschwüre 157; Fettgeschwulst 159; Gre= garinose 160]; Gicht, Rheumatismus, Lähmungen 160; Darmvorfall 161; Augenkrankheiten 162; Schnabelkrankheiten 163; Fußkrankheiten 164;

X

Seite

Gefiederkrankheiten 166 [Selbstrupfen 167]; Ungeziefer 169; Uebertragbarkeit der Vogelkrankheiten auf Menschen 171).

Uebersicht der Heilmittel nebst Mischungsverhältnissen und Gaben 172

Verzeichniß der Abbildungen.

                Seite

Amazone mit rothem Flügelbug oder gemeine Amazone,
  als farbiges Titelbild.
Große gelbköpfige Amazone oder doppelter Gelbkopf . . . 18
Surinam- oder gelbscheitelige Amazone 21
Kleine gelbköpfige Amazone oder kleiner Gelbkopf . . . 26
Müller-Amazone 29
Gelbnackige Amazone 33
Guatemala-Amazone 33
Weißköpfige Amazone mit rothem Bauchfleck 44
Brillen-Amazone 21
Diadem-Amazone 60
Heck's Amazone 60
Versandtkasten 73
„Ornis"-Käfig 79
Papageienständer 86

Einleitung.

Der Kanarienvogel, nächst dem in neuerer Zeit der Wellensittich, einige Pärchen kleiner bunter Prachtfinken, das sind Vögel, welche heutzutage wol Haus bei Haus beherbergt werden; mehr aber noch als sie alle ist der sprechende Papagei zu finden. Bei wohlhabenden Leuten gehört der letztre gleichsam als ein Stückchen der Ausstattung zu den unentbehrlichen Dingen, und in der ärmeren Familie darf er meistens noch weit mehr als ein heißersehntes und überaus hochgehaltnes Kleinod gelten.

Unwillkürlich fragen wir nun wol, warum es denn gerade der Papagei ist, an welchem das Menschenherz so innig zu hängen pflegt. Eine bedingte Antwort haben wir darin vor uns, daß der sprachbegabte Vogel doch schon um der menschlichen Laute an sich willen uns näher stehen müsse, als jedes andre Thier. Freilich entgegnen uns darauf vorzugsweise kluge Leute, in dieser Behauptung liege ein Unsinn, denn darin allein, daß der Vogel menschliche Worte dem Klange nachplappere, sei nicht im geringsten etwas Menschliches zu finden. Ja allerdings, sie würden recht haben, — dies kann indessen nur Jemand sagen, der den sprachbegabten Vogel lediglich vom Aussehen und Wortschall, nicht aber seinem ganzen Wesen nach kennt. Gerade das letztere stellt ihn auf eine außerordentlich hohe Stufe und macht ihn im schönsten Sinne des Worts menschenähnlich. Von dieser Wahrheit werden wir uns überzeugen, wenn wir eine der hervorragendsten Gattungen der sprechenden Papageien näher kennen lernen.

Hochobenan unter allen Papageien, ja eigentlich unter allen sprachbegabten Vögeln überhaupt, steht fast ohne Frage der graue Papagei von Afrika oder Jako, und nächst ihm als kaum minder reich begabt treten uns die grünen kurzschwänzigen Papageien von Amerika, A m a z o n e n genannt, entgegen. Während wir die Graupapageien oder eigentlichen Papageien (Psittacus, *L.*) nur in zwei Arten, dem allbekannten Graupapagei mit lebhaft und schön rothem Schwanz und dem viel seltneren, auch nicht so reich begabten Timneh- oder Graupapagei mit braunrothem Schwanz von Nordwestafrika vor uns sehen, kennen wir die grünen Amerikaner dagegen in 39 Arten, von denen bis jetzt 34 Arten lebend in den Handel gelangen.

Die **Amazonenpapageien** [Chrysotis, *Swains.* s. Androglossa, *Vig.*] sind — wie freilich die beiweitem meisten Papageien überhaupt — grün, mit weißen, gelben, rothen und blauen Abzeichen, entweder in allen diesen Farben zugleich oder nur in einer oder einigen. Ihre besonderen Kennzeichen sind: Gestalt gedrungen;

Schnabel groß, kräftig, mäßig gewölbt, stark nach unten gebogen, First nach hinten scharfkantig abgesetzt, leicht gefurcht, Oberschnabel mit ansehnlich überhängender Spitze und gerundeter oder winkeliger Ausbuchtung, Unterschnabel so hoch wie der obre, mit breit abgerundeter Dillenkante und gerundet ausgebuchteten Schneiden; Nasenlöcher groß, frei, Wachshaut kurz, bogig, mit Borstenfederchen besetzt; Zunge breit, gewölbt, fleischig, glatt, mit abgestumpfter Spitze; Augen groß, rund, ausdrucksvoll; Flügel breit und stark, länger als der Schwanz; letzterer kurz, breit abgerundet; Füße stark, mit kräftigen Tarsen und stark gekrümmten kräftigen Krallen; Gefieder knapp anliegend; Federn klein, breit abgestutzt, einander schuppenförmig deckend, bei einigen Arten mit Puderdaunen. Dohlen- bis nahezu Rabengröße.

Fast alle Amazonen, vornehmlich die Guatemala-Amazone, zeigen die Eigenthümlichkeit, daß sie bei Beängstigung, z. B. beim Nahen eines Hundes, mehr oder minder die Nackenfedern sträuben und dann dem sog. Kragenpapagei ähnlich sehen.

Die Heimat der Amazonenpapageien erstreckt sich über Süd- und Mittelamerika, von Argentinien bis zum südlichen Mexiko, und die westindischen Inseln. Die meisten Arten haben nur ein beschränktes Verbreitungsgebiet. Vornehmlich bewohnen sie die Urwälder längs des Amazonenstroms (nach dem sie benannt sind) und anderer Flüsse, die bewaldeten Flußniederungen, die Wälder, die an Sümpfe grenzen, sowie die Wälder längs der Küste; nur wenige Arten leben auch in Steppenwaldungen oder im Gebirge. Hier findet man sie für gewöhnlich scharen- und in der Brutzeit parweise. Die einzelnen Arten sollen verschiedenen Wald bevorzugen. Alle sind eigentliche Baumvögel, die in der Regel dichtwipfelige, hochkronige Bäume aufsuchen; sie klettern geschickt, gehen auf dem Erdboden dagegen watschelnd; ihr Flug ist schwerfällig und mäßig langsam, mit raschen Flügelschlägen, manchmal sehr hoch. Nächst den Mittheilungen, welche die reisenden Naturforscher, Prinz von Wied, Burmeister, v. Tschudi, Schomburgk u. A. über ihr Treiben gemacht, liegt eine hübsche eingehende Schilderung von Karl Petermann vor, und nach allen diesen Berichten, vornehmlich dem des Letztern, will ich im Folgenden eine Uebersicht der Lebensweise geben: Als das eigentliche Sinnbild des Urwalds erscheint die Papageienschar, und dem aufmerksamen Beobachter fällt zunächst die Regelmäßigkeit in allen ihren Verrichtungen auf. Sobald das Frühroth den anbrechenden Tag kündet, beginnt das Geschwätz und der Lärm auf den Schlafplätzen der Schwärme; sie putzen das Gefieder und ziehen unter lautem Geschrei nach und nach in kleinen Trupps, immer pärchenweise zusammenhaltend, davon; bald stehen die bis vor kurzem so belebten Baumgruppen wieder in der Stille des Urwalds da. In weiter Entfernung fallen die Flüge an bestimmten Ruhepunkten ein, laut rufend und lockend; mit antwortendem Geschrei folgen die übrigen, und unter betäubendem Lärm erhebt sich dann der ganze Schwarm, um nach den wol noch meilenweit entfernten Futterplätzen abzustreichen. Hier stürzen sie nun mit Heißhunger über die Fruchtbäume her, doch die argen Schreier sind jetzt still geworden, und man hört nur das Geräusch, welches die herabfallenden Futterreste verursachen.

Ein Flug nach dem andern kommt lautlos herbei, nur das Zirpen futterempfangender Jungen, das Rascheln einer abgerißnen, herabfallenden Frucht verräth die Fresser in den dichtbelaubten Zweigen der Bäume. Nachdem sie sich gesättigt und aus den mit Regenwasser gefüllten Kelchen der auf den Bäumen wachsenden Orchideen getrunken haben, halten sie Ruhe, während welcher sie leise, gleichsam plaudernde Töne von sich geben; bei sehr heißer Witterung, wenn das Wasser in den Blüten verdunstet ist, müssen sie manchmal weit zur Tränke fliegen und dies geschieht ebenfalls stets zur bestimmten Zeit. Da sollen sie vorzugsweise gern salzhaltiges Wasser aufsuchen. Sie baden gern und lassen sich auch mit Vorliebe beregnen. Gegen Abend beginnen einzelne Vögel lärmend kurze Flüge zu machen, immer mehrere werden lebendig, und mit der sinkenden Sonne tritt ein Trupp nach dem andern die Rückkehr an. Auf die Sammelplätze kommen sie mit durchbringendem Geschrei, gleicherweise mit schrillen Rufen begrüßt von denen, die bereits angelangt waren, und jeder stimmt aus Leibeskräften in das wirre Gekreisch ein; erst in voller Dunkelheit erstirbt die Geschwätzigkeit und der Zank um die besten Ruheplätze. Solch' Treiben setzen sie während der ganzen Herbst- und Winterszeit fort, indem sie von einem Bezirk, in welchem infolge ihrer Plünderungen oder durch Ueberreise eine Frucht auf die Neige geht, nach einem andern, der neue, lockende Früchte bietet, übersiedeln. Bei Mißwachs oder auch aus anderen Ursachen verlassen sie wol eine Gegend für längre Zeit. Während des Nistens, vom September oder Oktober bis zum März, sondern die Pärchen sich ab. Als Nisthöhle wird ein meistens sehr tiefes Astloch oder eine Spechthöhle hoch oben im gewaltigen Urwaldsbaum, welches daher schwer zugänglich ist, alljährlich von einundbemselben Pärchen bezogen, und das Gelege besteht in zwei bis vier sehr runden und wie bei allen Papageien reinweißen Eiern. In jedem Jahr soll nur eine Brut stattfinden. Aus Vorsicht verhalten sich die Amazonen, wie ja übrigens die meisten Vögel überhaupt, in der Nähe des Nests lautlos, sodaß man meinen könnte, sie haben zur Nistzeit ihre Stimme verloren. Die Brut dauert vom Beginn bis zum Flüggewerden der Jungen nahezu drei Monate. Ihre Nahrung besteht in fleischigen und saftigen Beren und anderen Früchten, zumal Orangen und Bananen, besonders auch Schotenfrüchten, ferner in verschiedenen Nüssen, Fruchtkernen, Baumsprossen und -Knospen und dann vornehmlich in allerlei Sämereien, Mais und anderm Getreide. Wenn sie in das letztre einfallen, sind die Schreier gleichfalls still. Des von ihnen verursachten Schadens, aber auch ihres wohlschmeckenden Fleisches und selbst der Federn wegen werden sie viel verfolgt; auf den Märkten der Hafenstädte soll man sie zur Zeit der Wanderungen massenhaft als Wildbret finden. Am zahlreichsten aber werden sie lebend auf den Markt gebracht, um als Stubenvögel nach Europa in den Handel zu gelangen.

Schon seit Jahrhunderten nehmen die Indianer die Amazonenpapageien aus den Nestern und füttern sie auf, um sie zu zähmen und abzurichten. Als die Spanier Amerika entdeckten, sahen sie in allen von ihnen betretenen Strichen, ebenso auch die Portugiesen in Brasilien, in den Hütten, auf den Händen der Eingeborenen gezähmte Papageien. Nachdem sich auch die Europäer dieser Liebhaberei zugewandt hatten und dann die Ausfuhr der Vögel nach Europa im Lauf der Zeit immer größern Umfang annahm, haben die Indianer mit der Aufzucht und Abrichtung der Papageien sich eifrig beschäftigt. Für diese haben die Indianer übrigens ein viel größres Verständniß und Geschick als die Neger in Afrika. Sowol was das Ausnehmen aus dem Nest und die Auffütterung, als auch die Zähmung und Abrichtung zum Sprechen anbetrifft, haben die amerikanischen Papageien ein beiweitem beßres Los als die afrikanischen Graupapageien; jedenfalls gelangen jene durchschnittlich lebenskräftiger zu uns als diese. Fast alle Amazonenpapageien, die zur Ausführung nach Europa bestimmt sind, werden in ihrer Heimat bereits zahm oder wenigstens halbzahm aufgekauft. Die Indianer verstehen es, selbst einen alteingefangenen, wilden und unbändigen Papagei in überraschend kurzer Zeit völlig fingerzahm zu machen. Die meisten Papageien werden allerdings jung aus den Nestern genommen und aufgepäppelt; dies letztre geschieht fast immer mit gekautem Maisbrot aus dem Munde. Schomburgk behauptete, daß die Indianer, da die Papageien gewöhnlich in den Astlöchern hoher und unbesteigbarer Bäume nisten, jedesmal den Baum fällen müßten, um sich der Jungen einer Brut zu bemächtigen. Wahrscheinlich wird es aber heutzutage nur noch gelegentlich dieser Umständlichkeit bedürfen, zumal man die Papageien alljährlich zu Hunderten aus den Nestern in den Astlöchern u. a. Höhlungen zu erlangen vermag. In der Regel bringen die Indianer jedem jungen Papagei bereits einige Worte in ihrer oder auch in spanischer oder portugiesischer Sprache bei, bevor sie ihn an einen Europäer verkaufen.

„Die Eingeborenen," so berichtete Fr. Connor in den siebziger Jahren aus Brasilien, „füttern die Papageien mit Früchten und Reis, bringen sie dann nach den Hafenstädten, und verkaufen sie an die Händler zum Preise von durchschnittlich 2 Milreis = 4 Mark für den Kopf; am zahlreichsten werden sie jedoch im Innern durch Tauschhandel erstanden, etwa um die Hälfte jenes Preises, und dann gelangen sie auf den Flußdampfern, welche den Para- und Amazonenstrom in großer Anzahl befahren, nach den Hafenstädten. Die Aufkäufer halten sie in einem großen Kasten, in welchem einige Sitzstangen angebracht sind und der vorn mit Latten vernagelt ist, sodaß die Vögel nur wenig Luft und noch weniger Licht bekommen. Man denke sich solch' einen unsaubern Aufenthaltsort mit keinerlei Vorrichtung zur Reinigung, in den das aus Bananen, Orangen und gekochten Kartoffeln bestehende Futter hineingeworfen wird, und wo alles in kürzester Zeit bei der entsetzlichen Hitze in Säuerung und Fäulniß übergeht! Da strotzen die bedauernswerthen Vögel von Schmutz und Ungeziefer, und es ist also kein Wunder, daß ihre Gesundheit untergraben wird und sie unheilbarer Krankheit verfallen. Hier müssen sie bleiben, bis sie verkauft und auf einem Dampfer oder Segelschiff nach Europa übergeführt werden."

Die Verhältnisse des Handels und Transports der Amazonenpapageien haben sich im Lauf der letzten Jahrzehnte doch wesentlich gebessert, sodaß die Schilderung des Herrn Fr. Connor heutzutage nicht mehr ganz zutreffend ist. Die Ueberfahrt der meisten Amazonen geschieht heutzutage auf den großen, prächtig eingerichteten Dampfschiffen, die zwischen Hamburg, Bremen und anderen größten deutschen

Häfen und Brasilien oder Westindien fahren, und diese Vögel kommen infolge guter Haltung und Verpflegung meist im guten Zustande an. Nach den Mittheilungen, die uns Herr Heinrich Vehl in Berlin freundlichst machte, liegen die Verhältnisse jetzt folgendermaßen. Aus dem Innern von Brasilien, bzl. Südamerika überhaupt, kommen die Vögel zwar noch nach den Küstengegenden in den beschriebenen scheußlichen Kisten, doch bereits die Eingeborenen an der Küste (Kreolen, Neger, Mischlinge u. a.) halten die Papageien auf Ständern und füttern sie nicht mehr mit Früchten, sondern mit erweichtem Brot und zum Theil sogar schon mit Sämereien: Hanf und Mais. Die Eingeborenen bringen die Vögel an Bord der Schiffe; doch gibt es im Lande auch Aufkäufer (die alle möglichen Thiere erwerben). Küstendampfer bringen die an den verschiedenen Häfen gekauften Vögel zu den Europadampfern. Auch von den Schiffsleuten sehen die meisten bereits ein, wie schädlich das massenhafte Halten der Papageien in den Kisten und die Fütterung mit Frucht ist; sie kaufen die Vögel daher von den Eingeborenen mit dem Ständer und halten sie während der Fahrt auf diesem. Der Ständer ist 15 cm hoch und 16 cm breit, die Sitzstange 7—10 cm lang. Darunter ist ein kleines längliches Brett zum Auffangen der Entlerungen befestigt. Der Vogel trägt eine kleine Kette am

Fuß. Dieser Ständer ist zum Anhängen in den
Kajüten u. a. Räumen eingerichtet. Die so be=
handelten Vögel sind im besten Gefieder, während
die in den Kisten sich das Gefieder bestoßen und viel
von Ungeziefer zu leiden, da die Kisten nicht ge=
reinigt werden können. Die Ständervögel werden
auch leichter zahm, während die anderen natürlich
scheu bleiben. So bringen die Stewarts, Bots=
leute, Zimmerleute u. a., die ihre besonderen Räume
haben, ihre Papageien herüber, in der Regel etwa
ein halbes Dutzend. Den gemeinen Matrosen ist
auf vielen Schiffen das Mitbringen von Papageien
und Thieren überhaupt verboten, weil die schlecht
verpflegten Vögel unangenehmen Geruch verbreiten,
die Passagiere durch Geschrei belästigen, die Ständer=
vögel auch viel anknabbern u. a. m. Immerhin
werden noch vielfach Vögel in Kisten heimlich mit=
gebracht, doch auch diese erhalten Hanf und Mais
und Kaffe (auch mit Zusatz von Rum) zum Trinken.
Die in der beschriebenen Weise auf Ständern herüber=
gebrachten Papageien bekommen regelmäßig in einem
Blechnapf Körnerfutter (Hanf und Mais, oder nur
Mais) und dazu entweder Kaffe (ein= oder zweimal
im Tage) oder aufgeweichten Schiffszwieback. Auf
den englischen Dampfern erhalten sie in der Regel
nur eingeweichten oder gekauten Zwieback. Dies
sind meist junge Nestvögel, die sich hier in Europa
durch fortwährendes Meckern unliebsam kenntlich

machen; das Körnerfutter, welches ihnen hier vor=
gesetzt wird, vermögen sie nicht zu fressen, das Meckern
ist Zeichen des Hungers. In Brasilien kostet die
gemeine Amazone 5 bis 15 Mk. nach unserm Gelde
(so in Bahia, Santos u. a.), der Doppelgelbkopf
15 bis 36 Mk. Man bezahlt immer baar, Tausch=
handel kommt fast garnicht mehr vor. In Hamburg
an Bord verkaufen die Matrosen an Händler, diese
an Abrichter, und diese an die Großhändler. Die
Preise schwanken: Eine gemeine Amazone auf dem
Ständer kostet 20 bis 25 Mk., wenn sie schön ist
und schon einige Worte, englisch, portugiesisch, spanisch,
sprechen kann, 27 bis 30 Mk. Die weniger guten,
in Kisten herübergebrachten, kosten 9 bis 18 Mk.,
je nach der Jahreszeit, Anzahl und Nachfrage.
Surinamamazonen, Portorikos, kleine Gelbköpfe,
rothstirnige Portorikos sind im Werth geringer. Der
doppelte Gelbkopf kostet schon 40 Mk., wenn er
nur wenige Worte spricht. Er wird höher als der
Graupapagei geschätzt.

 Vor allem leiden die Amazonen wie die Jakos
in vielen Fällen unter dem bedauerlichen und
immer noch festeingewurzelten Vorurtheil der See=
leute, welche meinen, sie dürften kein Wasser be=
kommen. Diese widersinnige Behandlung legt bei
den Papageien den Grund zur Sepsis oder Blut=
vergiftung (s. unter Krankheiten). Die meisten
Amazonenpapageien überstehen bei ihrer kräftigen

Natur die Ueberfahrt nach Europa gut und die Folgen der schlechten Behandlung zeigen sich erst wochen=, selbst monatelang nachher. Doch kommt die Sepsis bei den Amazonen in neuerer Zeit, infolge beßrer Behandlung auf den großen Ueberfahrt= dampfern wenig oder garnicht mehr vor.

In den europäischen Hafenstädten (erwiesener= maßen kommen die meisten Vögel überhaupt nach Hamburg, mehr als nach Antwerpen u. a.) ver= kaufen die Seeleute (Matrosen, Schiffsbeamte u. A.) ihre Papageien in der Regel an die sog. Klein= händler oder Papageienabrichter (meistens Gastwirthe, Barbiere, ausgediente Seeleute u. A.), welche die Vögel dann in ihrer Pflege soweit bringen, daß sie fingerzahm werden, bereits einige Worte sprechen und für weitern Unterricht geeignet sind. In neuerer Zeit bieten die Großhandlungen in Hamburg, Köln u. a. bereits abgerichtete und sprechende Vögel aus, und hier hat der Liebhaber den Vortheil, daß die letzteren bereits an naturgemäße Nahrung ge= wöhnt und sachgemäß angelernt sind.

Kürzlich hatte Herr Heinrich Vehl, der die gegenwärtigen Verhältnisse des Papageienhandels genau kennt, die Liebenswürdigkeit, mir ausführliche Auskunft über die sog. Uhlis zu geben, die ich hier einfügen muß: "Der Name Uhlis ist bei allen Seeleuten und Händlern gebräuchlich und bezeichnet Amazonenpapageien, die nach Ueberzeugung der Verkäufer, bzl. Händler niemals, selbst in bester Pflege und Behandlung, sprechen lernen. Ob der Name von „Eule" abgeleitet wird, oder schon in

Brasilien üblich ist, erscheint zweifelhaft; am wahrscheinlichsten ist die Erklärung, daß er von dem einförmigen Ton „Uï", den diese Vögel fortwährend hören lassen, hergeleitet werde. Auf den ersten Blick erkennt der erfahrene Händler, ob der Amazonenpapagei ein Uhli ist oder nicht. Ein solcher hat in der Regel folgende Kennzeichen: großen, eckigen Kopf, plumpe Gestalt, längern Schnabel, ungewöhnlich starke Zehen, verschwommene Farben des dunkeln und schmutzig erscheinenden Gefieders (nie sieht man das intensive Blau und Grün); vor allem aber zeigt er sich stets unstet und ruhelos, frißt fortwährend und läßt den oben genannten einförmigen Ton hören. Herr Vehl ist der festen Ueberzeugung, daß ein solcher Vogel niemals sprechen lerne, selbst wenn er in die Hände eines geschickten Papageienabrichters, eines sachkundigen und liebevollen Pflegers gelangte, der seine ganze Zeit dem Papagei widmen könnte. Er ist der Ansicht, daß die Uhlis nicht ausschließlich altgefangene, sondern schon von Natur unbegabte Vögel seien, denen die Fähigkeit, menschliche Worte nachsprechen zu lernen, vonvornherein fehlt. Unter allen Amazonenarten gibt es Uhlis, selbst unter den von allen sprachbegabten Papageien am höchsten geschätzten Doppelgelbköpfen. Die Uhlis sind an Bord der Schiffe, die in Hamburg und anderen Hafenstädten ankommen, die billigsten Papageien. Solche von der Rothbug-Amazone kosten dort 8 bis 10 Mk., während Vögel, denen man Sprachbegabung zutraut, selbst wenn sie während der Ueberfahrt in Kisten massenhaft eingepfercht und schlecht verpflegt worden, 12 bis 18 Mk., und diejenigen, welche schon auf den Schiffen auf Ständern gehalten und besser versorgt worden, 20 bis 25 Mk. preisen (wenn sie bereits etwas sprechen können, natürlich noch mehr). Betrügerische Händler bieten die Uhlis als gute Vögel zu „Spottpreisen" aus, oft geringer, als der Einkaufspreis ist. Die auffallend billigen Amazonen sind sämmtlich Uhlis, auch die als „anfangend zu sprechen" billig ausgebotenen Vögel. Die letzteren zeigen sich anscheinend wirklich sprachbegabt, d. h. geben einzelne Worte ganz oder theilweise wieder oder versuchen es wenigstens — aber sie kommen eben niemals über die ersten Anfangsgründe hinaus. Sie lassen undeutliche Laute hören, die den Anschein erwecken, als ob der Papagei menschliche Worte nachzuahmen sich bemüht, d. h. die von betrügerischen Händlern als solche bezeichnet werden. Aber auch die reellen Händler verkaufen Uhlis. Sie sind dazu durch die Verhältnisse gezwungen. Das Publikum verlangt möglichst billige Papageien. Würde ein Händler nur gute Vögel verkaufen, so müßte er theurer sein, als alle anderen und würde keine Geschäfte machen; aber er wird sie natürlich nicht für begabte Vögel ausgeben. Der Händler kauft an Bord eine größere Anzahl Papageien und muß darauf gefaßt sein, daß unter 30 Stück manchmal wol 10 Uhlis sind. Das Publikum allein hat es in der Hand, dem Handel mit Uhlis ein Ende zu machen, indem es nicht nach billigen Vögeln greift, sondern lieber einen theureren Papagei unter der Garantie der Sprachfähigkeit von reellen Händlern verlangt. Vor allem muß der Käufer die Handelsverhältnisse berücksichtigen. Es ist z. B. nicht möglich, daß ein guter sprechender

Vogel für 18 Mk. ausgeboten wird, da ein solcher bereits drüben in Südamerika 14 Mk. kostet und da bei der Überfahrt durchschnittlich 5 Prozent sterben. Ein einigermaßen guter, begabter, sprachfähiger Vogel muß beim Großhändler mindestens 27, beim Kleinhändler nicht unter 30 Mk. kosten (Doppelgelbköpfe und seltene Arten entsprechend höher). Wenn keine Nachfrage mehr nach billigen Vögeln wäre, würde der Handel mit Uhlis von selbst aufhören und die Matrosen würden keine mehr herüberbringen."

Hiernach lassen wir die Schilderung aller Arten der Amazonen folgen.

Die Amazone mit rothem Flügelbug oder gemeine Amazone
(Psittacus [Androglossa] aestivus, *Lath.*).

Rothbug- oder blaustirnige Amazone, bloß Amazone und Kurzflügelpapagei mit rothem Flügelbug. — Blue-fronted Amazon or Amazon Parrot. — Amazone à calotte bleu, Perroquet Amazone à front bleu, Perroquet Lord du Brésil. — Gewone Amazone Papegaai.

Diese Art wurde bis zur neuern Zeit mit der Venezuela-Amazone, mit grünem Flügelbug, vielfach verwechselt, weil der letztern von Linné der lateinische Namen Amazonenpapagei beigelegt worden, während er eigentlich dieser gebührt. Sie ist in folgender Weise gefärbt: Stirnrand blau; Oberkopf, Wangen und Kehle gelb; Flügelbug, Spiegelfleck im Flügel und Grund der Schwanzfedern roth; erste Schwinge schwarz, Außenfahne schmal blau gesäumt, die übrigen Schwingen erster Ordnung an der Außenfahne grün, an deren Enddrittel blau, an der Innenfahne schwarz; Schwingen zweiter Ordnung an der Außenfahne grün, Spitze blau, Innenfahne schwarz, fünf bis sechs der zweiten

Schwingen an der Außenfahne, fast vom grünen Grunde bis zur blauen Spitze, scharlachroth; ganzes übriges Gefieder grün, an der Oberseite jede Feder mit deutlichem, dunklem Endsaum; die kleinen und großen Flügeldecken gelbgrün gesäumt; ganze Unterseite hellgrün; an Brust und Bauch jede Feder mit schmalem grünlichen Endsaum; Schenkelgegend gelblich; Schnabel einfarbig schwärzlichbraun bis schwarz, Wachshaut schwarz; Augen gelb bis orangeroth, nackte Haut ums Auge bläulich; Füße blaugrau, Krallen schwarz. Die Geschlechter sind bis jetzt noch nicht mit Sicherheit unterschieden. Nach Renouard hat das Weibchen etwas mehr Blau am Kopf und das Roth an der Schulter geht mehr ins Gelbe. Jugendkleid matter in den Farben; Augen schwarz bis graubraun. Etwa Krähengröße (Länge 36,5—41,5 cm; Flügel 20,5—22,4 cm; Schwanz 10,5—13 cm). Es kommen zahlreiche Farben= spielarten vor, bei denen sich die blaue und gelbe Färbung am Kopf mehr oder minder ausdehnt, die eine oder andere zuweilen ganz fehlt, das Roth am Flügelbug kleiner oder größer, zuweilen gelbroth bis gelb ist u. a. m.; ja es gibt ganz gelbe Amazonen mit rothen Abzeichen, die allerdings sehr selten sind. Heimisch ist diese Amazone in Brasilien südlich vom Amazonen= strom, Paraguay, Bolivia, Peru und dem nördlichen Argentinien. Sie ist die gemeinste und häufigste Art und soll vornehmlich in Orangegärten überaus großen Schaden verursachen. Von den Eingeborenen wird sie am höchsten geschätzt, weil sie für die Ab= richtung am zugänglichsten von allen sich zeigen soll. Man trifft sie daher überall bei den Indianern, und sie wird auch unter allen Arten am zahlreichsten in den Handel gebracht. Bei uns halten die Lieb= haber sie ebenfalls für sehr werthvoll. Man hat

Beispiele von erstaunlich reich begabten Amazonen, und diese ergeben sich nicht allein im Sprechenlernen, sondern ebenso im Nachsingen von mehreren Liedern oder im Nachflöten von drei bis vier Weisen als bewundernswerth gelehrig. Wie bei allen großen Sprechern kommen aber auch unter ihnen Vögel vor, welche weniger oder wol garnichts lernen wollen — die man jedoch trotzdem niemals als untauglich bezeichnen sollte*). Im Jahr 1887 gelang Herrn Renouard in Frankreich die Züchtung dieser Art. Herr Ingenieur Hieronymus in Blankenburg a. Harz züchtete einen Mischling von dieser und der Kuba-Amazone. In neuester Zeit (1894) hat die Rothbug-Amazone in einem Par in der Schweiz bei Herrn Dr. Wyß freifliegend in einem Birnbaum genistet und zwei Junge großgezogen. — Die meisten dieser Amazonen gelangen mit den großen Dampfschiffen, welche zwischen Brasilien, bzl. Südamerika und Europa regelmäßig fahren, in den Handel, und man findet sie bei allen Groß- und Kleinhändlern. Der Preis beträgt im Großhandel für die frisch eingeführte, noch rohe Amazone selten unter 15 Mk., meistens aber 20, 24 Mk.; der sprechende Vogel wird je nach der Leistung mit 35 bis 60 Mk., 75 bis 90 Mk., 150 bis 500 Mk. und darüber bezahlt.

---

*) Wir bitten S. 12 über die sog. Uhlis nachzulesen.

Die Venezuela-Amazone
(Psittacus [Androglossa] amazonicus, *L.*).

Amazonenpapagei und Kurzflügelpapagei mit grünem Flügelbug, Kurika (in der Heimat); fälschlich bloß Amazonenpapagei. Orange-winged Amazon Parrot. — Perroquet Amazone à ailes oranges. — Groenboeg Amazone Papegaai.

Im Handel viel seltner als die vorige, ist sie auch beiweitem nicht so beliebt. Sie erscheint in folgender Weise gefärbt: Stirnrand und Zügelstreif blau; Vorderkopf und Wangenfleck unterhalb der Augen bis zum Schnabel brandgelb; Flügelbug grün, nur an der Handwurzel gelb; Flügelspiegel gelblichroth; Schwanzfedern am Grunde orangeroth; das ganze übrige Gefieder grün, die Federn am Hinterhals dunkler gesäumt; ganze Unterseite heller grün, an der Brust mit schwachem Anflug von Puder; Schnabel weißlichgraugelb (horngraugelb) mit dunkelbrauner Spitze und am Grunde des Oberschnabels ein gelber Fleck; Augen hellgelb bis zinnoberroth; Füße bräunlichhorngrau. Das Weibchen soll die Kopffärbung matter zeigen. Größe etwas geringer als die des vorigen (Länge 34—36 cm; Flügel 18—20 cm; Schwanz 8,7—9 cm). Alle eingeführten Vögel dieser Art erscheinen in fast genau übereinstimmender Färbung. Als seine Heimat ist der ganze Norden von Südamerika bekannt, wo er sich in den Küstenwäldern manchmal in Schwärmen von unzähligen Köpfen aufhält. Von den Ansiedlern wird er als der eigentliche Schreier unter allen Verwandten bezeichnet. In der Heimat gilt diese Amazone als sehr gelehrig; auch Dr. Lazarus bestätigt dies, und wenn sie trotzdem bei uns nicht so beliebt wie die vorige ist, so liegt dies wol darin, daß sie auch als sprechender Vogel ihr arges Geschrei nicht unterläßt. Der Preis beträgt gewöhnlich nur 15 bis 30 Mk.; beim abgerichteten Vogel steigt er natürlich im entsprechenden Verhältniß.

Die große gelbköpfige Amazone oder der doppelte Gelbkopf
(Psittacus [Androglossa] Levaillanti, *Gr*.).

Großer Gelbkopf, Levaillant's Kurzflügelpapagei. — Levaillant's Amazon Parrot, Double-fronted Amazon. — Perroquet Amazone de Levaillant, Perroquet à tête jaune. — Dubbele Geelkop Papegaai.

Viele Liebhaber sprechender Papageien schätzen den großen Gelbkopf höher als alle anderen, ja, sie meinen sogar, daß er an Begabung in jeder Hinsicht selbst den Graupapagei übertreffe. Solche Behauptung kann jedoch vonvornherein nicht als zutreffend gelten, denn man darf weder von der einen, noch von der andern Art mit Entschiedenheit sagen, daß sie am hervorragendsten begabt sei. Überblickt man die außerordentliche Stufenreihe und Mannigfaltigkeit in der Befähigung der einzelnen Köpfe innerhalb einundderselben Art, so staunt man über die Verschiedenheit ihrer Begabung und gelangt zu der Einsicht, daß sich solche bei allen hierher gehörenden Arten überhaupt wiederholen und sichere Vergleiche unter einander nur zu sehr erschweren, wenn nicht geradezu unmöglich machen. Die Berechtigung, hier eine bestimmte, auch nur einigermaßen feststehende Reihenfolge aufzustellen, erkenne ich daher nicht an. Allenfalls möge man sagen,

Große gelbköpfige Amazone (Psittacus Levaillanti, *Gr.*).
¹/₃ natürlicher Größe.

diese Art gehöre zu den mehr, jene zu den minder begabten; das ist aber auch alles und darüber hinaus sollte man keinenfalls gehen. Ohne Frage steht der große Gelbkopf als sprechender Papagei hoch da, ihn jedoch für den allerbedeutendsten auszugeben, ist durchaus nicht zutreffend.

Er ist an Stirn und Gegend um den Schnabel weißgelb, am übrigen Kopf, Nacken und Hals schwefelgelb; Flügelbug, Spiegelfleck im Flügel und Grundhälfte der Innenfahne an den vier äußersten Schwanzfedern lebhaft scharlachroth; Schwingen am Ende der Außenfahne blau; ganze Oberseite dunkel-, Unterseite heller grün, überall ohne dunkle Federnsäume; Schenkelgegend gelb; Schnabel gelblichweiß, Wachshaut fast reinweiß; Augen gelbbraun bis braunroth, um die Pupille ein gelber oder grauer Ring; nackter Augenkreis bläulichweiß, manchmal gelbgrau; Füße weißblau, Krallen grau. Geschlechtsunterschiede sind nicht bekannt. Das Jugendkleid ist nur an Stirn, Oberkopf und Kopfseiten gelb; die rothen Abzeichen sind hell und matt. Nahezu Rabengröße (Länge 38—44 cm; Flügel 21—23,₅ cm; Schwanz 11—14 cm).

Seine Heimat ist der Süden von Mexiko; er wird unter allen Amazonenpapageien am weitesten nach dem Norden hinauf gefunden. Gleicherweise wie bei uns ist er auch in seiner Heimat als Stubenvogel sehr geschätzt und darum steht er höher im Preise als alle Verwandten. Unmittelbar nach der Ankunft ist er weichlich und bedarf großer Fürsorge, eingewöhnt aber gehört er zu den ausdauerndsten aller Papageien.

Ein besondrer Vorzug des großen Gelbkopf ist seine bedeutende Fassungsgabe, welche ihn vorgesagte

Worte sogleich und stets sehr deutlich nachsprechen läßt. Im Gegensatz dazu gibt es auch unter den Angehörigen dieser Art einzelne, welche durchaus nichts lernen wollen; stets soll man jedoch den Erfahrungssatz beachten, einen solchen Vogel nicht zu früh als unverbesserlich fortzugeben, weil nämlich der schon mehrfach beobachtete Fall eintreten kann, daß er noch nach vielen Jahren wol gar ein vortrefflicher Sprecher wird. Darauf muß ich übrigens noch hinweisen, daß auch der hervorragendste Vogel dieser Art zeitweise sein wüstes Naturgeschrei erschallen läßt. Von den Beispielen erstaunlich begabter Gelbköpfe, die im Lauf der Zeit bekannt geworden, will ich nur eines der hervorragendsten hier anführen. Fräulein Elise Saß, Tochter des Herrn Rechnungsrath Saß in Berlin, gab in meiner Zeitschrift „Die gefiederte Welt" einen eingehenden Bericht, aus welchem ich Folgendes anführe:

Mein Bruder hatte den Gelbkopf in Verakruz gekauft und zwar als einen ganz jungen Papagei, welcher sogleich nach der Ankunft bei uns sprach, aber nur Spanisch. Am dritten Tage jedoch rief er schon dem anderen Papagei, ohne daß sich Jemand mit ihm beschäftigt hatte, also nur vom Hören, zu: „Komm' Jako, komm!" Dies erregte Staunen und Verwunderung, und natürlich fing nun der Sprachunterricht mit ihm sogleich an. In den ersten anderthalb Jahren lernte er sehr rasch, dann dauerte es länger, bis er ein neues Wort oder einen neuen Satz begreifen und nachsprechen konnte. Ich gebe hiermit das Verzeichniß aller Worte, Sätze, Redensarten und Gesänge, welche dieser Vogel in der erwähnten Zeit erlernt hat und die er, sobald er dazu aufgelegt ist, sämmtlich hören läßt: „Eins, zwei, drei, Hurrah!" — „Großpapa, Tante Anna, Paul" — „Bitte Kaffe, Lorette hat Hunger" — „Lorchen will Zucker haben" — „Mein oller Papa raucht gern" — „Meine gute, gute Mama" — „Lorchen wird artig sein" — „Lorchen schreit nicht mehr" — „Hans kommt aus China und Lorchen kommt aus Afrika" — „Seid willkommen in Berlin, hat es Euch

Die Surinam-Amazone (Psittacus ochrocephalus, *Gml.*). Die Brillen-Amazone (P. albifrons, *Sprrm.*).
¹⁄₄ natürlicher Größe.

gefallen?" — „Komm', Lorchen, komm', gib Pfötchen, na, sei artig, so ist's gut, so" — „Na, singe doch mal, na, noch mal, sage doch mal!" — „Herein, guten Tag" — „Lieber Papa, liebe Mama, Großpapa, Trude." — Dies alles sagt er stets unaufgefordert, sobald die Decke von seinem Käfig genommen wird. Im Winter aber, wenn am Morgen Licht brennt, sagt er es nicht, sondern erst später am Tage. Ist er allein im Zimmer gewesen und es tritt Jemand ein, oder auch wenn er sich langweilt, sagt er: „Na, mein Lorchen!" Geschrei, wie von anderen Papageien, hört man von ihm niemals, dagegen ahmt er gern die weinerliche Stimme eines Kindes nach, welches um etwas bittet. Dann deklamirt er je einen Vers von: „Kleine Blumen, kleine Blätter" oder „Ringelringelrosenkranz." Darauf folgt gewöhnlich die Rede: „Na, nun noch 'mal." Wenn er ein Wort nicht finden kann, so fängt er wieder von vorn an, sagt aber stets: „Na, noch 'mal." Wenn ich den Reim beginne: „Kleine Blumen," so fällt er ein: „kleine Blätter" — und so deklamiren wir Beide das ganze Gedicht durch. Er singt mit richtigem Text und richtiger Melodie: „Du, Du, liegst mir am Herzen" u. s. w., „O Tannebaum, o Tannebaum, wie grün sind deine Blätter" u. s. w., „Muß i denn, muß i denn zum Städtele hinaus" u. s. w., „Wir winden Dir den Jungfernkranz" u. s. w., „Ein Schäfermädchen weidete" u. s. w., wobei das „Kuckuklala" sich sehr komisch anhört. Wenn einmal Text oder Melodie nicht richtig sind, so fängt er wieder von vorn an. Meistens fordert er sich zum Singen oder Sprechen selber auf: „Singe doch mal" oder „Sage doch mal." Musik und namentlich Gesang hört er sehr gern und dieselben regen ihn stets zum Sprechen oder Singen an, und Gleiches scheint auch bei mancher Stimme, gleichviel von einem Herrn oder einer Dame, der Fall zu sein. Vormittags und gleich nach Tisch spricht er am meisten, Abends ist er still; findet er jedoch Anregung, so kann er auch noch spät sehr lebhaft sein.

Der Preis beträgt für den rohen, frisch eingeführten großen Gelbkopf 60 Mk., 66, meist sogar 75 Mk. und steigt sehr rasch für den Sprecher von 80 bis 250, 450, selbst 600 Mk. und darüber.

Die Surinam- oder gelbscheitelige Amazone
(Psittacus [Androglossa] ochrocephalus, *Gml.*).

Surinam-Papagei, gelbscheiteliger Kurzflügelpapagei und Gelbscheitel-Amazone. — Yellow-fronted Amazon Parrot. — Perroquet Amazone à front jaune, Perroquet de Cayenne. — Geelvoorhoofd Papegaai; Geelvlek Papegaai.

Alle Papageien, welche man in der Gesammtbezeichnung Amazonen zusammenfaßt, zeigen jeder

in seiner Färbung und seinen besonderen Abzeichen
so auffallende Merkmale, daß selbst ein oberflächlicher
Kenner bei der Bestimmung und Unterscheidung der
einzelnen Arten nicht in Zweifel geräth; trotzdem
sehen wir, daß von altersher bis zur neuern Zeit,
gleicherweise bei Wissenschaftern wie bei Liebhabern,
die hierhergehörenden Arten und vornehmlich der
Surinampapagei fortwährend mit anderen verwechselt
worden. Auch jetzt noch werden im Handel die
beiden nächstfolgenden Arten meistens ohneweitres
mit ihm zusammengeworfen. Die Leser wollen daher
die in der Beschreibung angegebenen Merkmale recht
aufmerksam beachten.

Der gelbscheitelige Amazonenpapagei ist an der
Stirn bis zur Kopfmitte und mehr oder minder zum Hinterkopf
hochgelb mit einem breiten grünen Streif über dem Auge;
Zügel, Kopfseiten und Kehle sind gelbgrün; Hinterkopf, Wangen
und Nacken dunkelgrün, jede Feder fein schwärzlich gesäumt;
die ganze übrige Oberseite ist dunkelgrasgrün ohne dunklere
Federnränder; Flügelrand roth, Flügelspiegel und Innenfahne
der vier äußersten Schwanzfedern rothgelb bis scharlachroth;
ganze Unterseite heller grün als die obre; Schenkelgegend
röthlichgelb; Schnabel schwarzbraun bis schwarz, am Grunde
des Oberschnabels jederseits ein röthlichweißer Fleck, Unter=
schnabel schwärzlichhorngrau; Wachshaut schwärzlich, dicht mit
schwarzen Härchen besetzt; Augen orangeroth mit feinem gelben
und dann breiterm braunen Rand um die Pupille, nackter
Augenkreis bläulichweiß; Füße bläulichweiß, Krallen fast rein=
weiß. Auch diese Art erscheint in Abänderungen: das Gelb
am Kopf ist enger oder weiter, zuweilen bis über den ganzen
Vorderkopf, auch über die Umgebung der Augen und den Unter-

schnabel, zuweilen fehlt es oder beschränkt sich auf einzelne Federn an der Kopfmitte und den Zügeln, die gelben Federn sind manchmal stellenweise roth gerandet, der Stirnrand ist grün; die rothe Zeichnung im Flügel ist kleiner oder größer; der Schnabel ist heller oder dunkler schwarzbraun mit fahlrothem Fleck; Iris mit gelbem bis bräunlichem innern und rothem äußern Ring, Augenkreis grau. Weibchen und Jugend= kleid nicht sicher bekannt. Die in den Handel gelangenden jungen Vögel haben nur wenig Gelb und die rothen Abzeichen sind matter gefärbt: Etwas unter Rabengröße (Länge 37 bis 40,5 cm; Flügel 20,5—23 cm; Schwanz 10,9—13,5 cm).

Seine Heimat erstreckt sich über den Norden von Südamerika, südlich bis Peru. Die Reisenden berichten, daß er überaus zahlreich und gemein sei. Auch er wird des Fleisches und der Federn wegen gejagt, vornehmlich aber aus den Nestern geraubt. Die Indianer, welche ihn für einen der gelehrigsten Papageien halten, sollen ihn mit besondrer Sorg= falt aufziehen und abrichten. Häufig sehe man Surinamamazonen um die Indianerhütten halbwild mit etwas gestutzten Flügeln umherfliegen, doch kehren sie abends immer wieder zurück. Bei uns gehört diese Art zu den gewöhnlichsten im Handel, da sie etwas zahlreicher als die vorige eingeführt wird. Man schätzt sie als tüchtigen Sprecher, indem einzelne sich in hervorragendster Weise entwickeln, nicht bloß gut und deutlich sprechen, sondern auch lachen, weinen, singen und hübsch pfeifen lernen, während andere zurückbleiben, doch nicht häufig; als gute Mittelvögel ergeben sich die meisten. Der

Preis beträgt für den rohen Vogel 20 bis 30 Mk.; für die erstre Summe ist er jedoch nur selten zu haben. Der sprechende kostet 40, 45, 50, 100, 150 bis 300 Mk. und mehr.

Die Panama=Amazone (Psittacus [Androglossa] panamensis, *Cb.*) — Panaman Amazon Parrot — Perroquet Amazone de Panama — Panama Amazone Papegaai — unterscheidet sich von der vorigen nur durch den vorherrschend gelben Schnabel und das Fehlen des rothen Flecks am Grunde desselben, sowie durch die auffallend geringre Größe; außer dieser von Cabanis gegebnen kurzen Bemerkung war nichts über die Art bekannt, obwol sie schon längst neben der verwandten in den Handel gelangte. Auf der großen „Ornis"= Ausstellung in Berlin im Jahre 1880 hatte Herr Hagenbeck, wie schon erwähnt, alle Amazonenpapageien neben einander, und so konnte ich auch diesen nach dem lebenden Vogel genau beschreiben: Stirn blaßgelb, Oberkopf blaugrün; breiter Streif oberhalb des Auges grün; Zügel gelb und grün gemischt; Hinterkopf, Nacken, Kopf= und Halsseiten grasgrün; Gegend um den Schnabel und die Kehle blaugrün; ganze Oberseite grasgrün; ohne schwärzliche Federnränder; Spiegelfleck im Flügel, Flügelbug und Handrand roth; Schwanzfedern mit Ausnahme der beiden mittelsten an der Innenfahne roth; ganze Unterseite kaum heller grün (Schenkelgegend nicht gelb); am Unterleib ein meerblauer Fleck; Schnabel weißlichhorngrau, Oberschnabel an den Seiten schwärzlich mit weißlichem Fleck am Grunde (zuweilen der ganze Schnabel weiß), Nasenhaut weiß bis schmutzighorngrau, ohne Härchen; Augen roth mit schmalem, gelbem Streif um die Iris, nackter Augenrand bläulichweiß; Füße bläulichfleischfarben, Krallen weiß (zuweilen die Füße ganz weiß). Ein wenig über Dohlengröße (Länge

33—35 cm; Flügel 20—22 cm; Schwanz 11,₅—12 cm). Heimat: Panama und Veragua. Die Amazone, welche ich einige Wochen beherbergt, war sehr zahm und liebenswürdig, sprach jedoch nur wenig und undeutlich. Ein Vogel des Herrn G. N. Bayer in München sprach eine ganze Anzahl Worte und zeigte sich zahm und gelehrig. Preis mit denen der vorigen übereinstimmend.

Hagenbeck's Amazone (Psittacus [Androglossa] Hagenbecki, *Rss.*) — Hagenbeck's Amazon Parrot — Perroquet Amazone de Hagenbeck — Hagenbeck's Amazone Papegaai — ist die dritte Art, welche als Surinampapagei, wenn auch viel weniger als die beiden anderen, in den Handel kommt. Er ist an der Stirn bis zur Kopfmitte und den Zügeln gelb bis röthlichgelb; Binde über den Oberkopf bis zu den Schnabelwinkeln grünblau; Hinterkopf, Nacken und Hals grün, ohne dunklere Federnränder; vordere Wangen und Oberkehle blaugrün; Flügelrand und -Bug grün, nur zuweilen mit einzelnen rothen Federchen; Spiegelfleck im Flügel scharlachroth; Schwanzfedern grün, nur mit schwachröthlichem Fleck; übrige Oberseite grasgrün, ohne dunklere Federnränder; Unterseite hellgrün; Schenkelgegend gelb; Schnabel hornweiß mit schwärzlicher Spitze, am Ober- und Unterschnabel ein röthlich-wachsgelber Fleck; Nasenhaut weißgelb, ohne Härchen; Augen roth mit sehr schmalem gelben und breitem braunen Ring um die Pupille; Füße blaugrau, Krallen grau. Etwa Krähengröße (Länge 36,₅—42 cm; Flügel 20,₃—22,₆ cm; Schwanz 11—13,₂ cm). Von der Surinam-Amazone unterscheidet sie sich durch den weißen Schnabel, von der Panama-Amazone durch das fast völlige Fehlen von Roth am Flügelrand und im Schwanz, sowie die abweichende Zeichnung des letztern, ferner durch viel heller gelbgrünen Unterkörper und ansehnlich bedeutendere Größe. Ihre Heimat ist noch nicht bekannt.

Die kleine gelbköpfige Amazone oder der kleine Gelbkopf

(Psittacus [Androglossa] ochrópterus, *Gml.*).

Gelbschulteriger Amazonenpapagei; bloß Gelbkopf; Sonnenpapagei, gelb=
flügeliger Kurzflügelpapagei. — Yellow-shouldered Amazon Parrot,
Single Yellow-headed Amazon. — Perroquet Amazone à épaulettes
jaunes. Perroquet Amazone ochroptère. — Kleene Geelkop Papegaai.

Zu den gewöhnlichsten Papageien des Handels gehörend, ist der kleine Gelbkopf bei manchen Freunden gefiederter Sprecher sehr beliebt, während Andere auf ihn, wie auf alle kleinen Amazonen überhaupt nur mit Verachtung blicken. Dies mag darin begründet sein, daß die einzelnen Vögel von dieser Art eine geradezu erstaunliche Verschiedenheit in der Sprachfähigkeit zeigen. Es liegen Schilderungen von zuverlässigen Kennern vor, nach denen es einzelne außerordentlich reich begabte Sonnenpapageien gibt, die zugleich dadurch werthvoll sind, daß sie ungemein zahm werden, im Benehmen überaus drollig er= scheinen und namentlich allerlei Thierstimmen, wie Hahnenkrähen, Hennengackern, Taubengirren, Katzen= miauen, Hundegebell u. drgl. treu nachahmen; im Gegensatz dazu kommen natürlich auch recht viele kleine Gelbköpfe vor, welche wol liebenswürdig sich zeigen, aber durchaus nichts lernen wollen. Einen gewissen Werth hat jeder von ihnen vonvornherein dadurch, daß er zu den am leichtesten und voll= ständigsten zahm werdenden Stubenvögeln zählt. Einen reich begabten kleinen Gelbkopf schilderte Herr

Kleine gelbköpfige Amazone (Psittacus ochropterus, *Gml.*).
²/₃ natürlicher Größe.

Dr. Jung in Königsberg: "Nach beendeter Mauser oder dem Federwechsel hatte er nebst voller Gesundheit solch' prächtiges Gefieder erhalten, daß man einen ganz andern Vogel vor sich zu haben glaubte. Am schönsten entwickelte sich seine Sprachbegabung während des Sommers, als ich, morgens noch im Bette liegend, ihm jedes Wort, welches er lernen sollte, etwa zwanzigmal vorsagte. Wenn er es drei bis vier Tage gehört hatte, sprach er es regelmäßig nach, zuerst weniger deutlich und laut, nach einigen weiteren Tagen jedoch stets sehr verständlich. Bis er die Worte, welche er einzeln gelernt, zu Sätzen verbunden nachsprechen konnte oder auch neue kleinere Sätze, die ich ihm im Ganzen vorsagte, inne hatte, dauerte zwar etwas länger, doch ging es auch damit zu meiner großen Freude immer rascher vorwärts. Bevor der Sommer zu Ende war, hatte der Vogel ein ganz artiges Wort- und Satzregister gelernt; er kann nahezu zwei Dutzend Worte und Sätze sprechen. Das gibt denn, wenn er sich hören läßt, was regelmäßig am Tage mehrere Stunden hindurch geschieht, die possirlichste Abwechselung und benimmt dem Geschwätz das Langweilige, welches es hat, wenn ein solcher Vogel seine zwei bis drei Worte, die er vielleicht überhaupt nur lernt, beständig wiederholt. Unser kleiner Gelbkopf pfeift außerdem, singt, lacht, trommelt und übt beim Clavierspiel in fleißigster Weise mit. Komisch hört es sich an, wenn er zuweilen bauchrednerisch dumpf und hohl, anstatt wie sonst hell und laut, die Worte herausbringt. Fast noch höher als seine Sprachbegabung schätze ich aber die Anhänglichkeit des Vogels, welche er vorzugsweise für meine Person, aber auch für meine Frau und Tochter äußert. Wenn ich beim Nachhausekommen ins Zimmer trete, so werde ich von ihm durch irgend einen Zuruf begrüßt; selbst wenn er vorher stundenlang ruhig war, so ermuntert er sich doch sogleich, wird sehr lebhaft und sucht meine Aufmerksamkeit zu erregen. Gelingt ihm dies nicht alsbald, so wird er unruhig und schreit immer ärger, bis ich an den Käfig trete, zu ihm spreche, ihm den Kopf streichle oder ihm auch bloß einen Finger reiche, auf welchen er sofort klettert. Er ist daran gewöhnt, daß ich zu bestimmter Zeit seinen Käfig öffne und ihn herauslasse. Da ist es denn sein größtes Vergnügen, rastlos im Zimmer umherzufliegen, vom Käfig auf den Tisch, auf die Stühle und vorzugsweise gern in die Höhe auf eine offenstehende Thür. Mir fliegt er auf den Kopf und läßt sich gern so umhertragen. Oft spielt er mit meiner Tochter in der Weise, daß er ihr rund um den Käfig herum, auf welchem er sitzt, nachläuft, und dabei ist er so gescheidt, daß er, sobald er merkt, er könne sie nicht einholen, plötzlich umkehrt und sie durch Entgegenlaufen zu erhaschen sucht. Gelingt ihm dies, so gibt er seine Freude durch lautes Lachen zu erkennen .... Fremden Personen und namentlich Kindern gegenüber drückt er seine Abneigung durch Schreien aus, welches sehr heftig wird, wenn er sieht, daß Einer von uns die Kinder liebkost, wodurch seine Eifersucht erregt wird. Im übrigen schreit er nur dann, wenn er irgend etwas erlangen will, so besonders wenn ich ihn nicht zur gewohnten Zeit aus dem Käfig herauslasse, niemals aber lärmt er so geradezu in den Tag hinein, wie man es bei vielen Papageien, vornehmlich den Kakadus, hört...." Uebrigens ist der Zweck meiner Darstellung eigentlich nur der, weniger etwas Neues über einen gemeinen und doch im ganzen noch keineswegs ausreichend bekannten Papagei mitzutheilen, sondern darauf aufmerksam zu machen, daß derselbe gerade vorzugsweise als ein liebenswürdiger, anmuthiger, leicht und billig zu beschaffender Hausgenosse gelten darf.

Der gelbschulterige Amazonenpapagei läßt sich nach den Geschlechtern unterscheiden. Das Männchen ist an Stirn und Zügeln gelblichweiß; Vorder= und Oberkopf, Wangen, Kopfseiten, Ohrgegend und Oberkehle gelb; Flügelbug mit großem gelben Fleck; Spiegelfleck im Flügel scharlachroth; die vier äußeren Schwanzfedern am Grundbrittel über beide Fahnen zinnoberroth; ganze übrige Oberseite dunkelgrasgrün, jede Feder mit schwärzlichem Rand, nur die oberen Schwanz=decken einfarbig gelbgrün; Unterseite kaum bemerkbar heller grün, jede Feder gleichfalls dunkel gerandet; Schenkelgegend gelb; Schnabel hornweiß, mehr oder weniger bläulichgrau, Wachshaut grauweiß; Augen dunkelbraun, gelblichbraun bis rothgelb mit rothem äußern Kreis der Iris, nackte Haut ums Auge weiß; Füße und Krallen weißlichhorngrau. Das alte, ausgefärbte Weibchen ist in allen Farben matter und um den Unterschnabel, mehr oder minder weit über die Wangen, an Unterbrust und Bauch meerblau. Das Jugendkleid hat gleichfalls die meerblaue Färbung, und dieselbe erstreckt sich zuweilen auch über die Kopfseiten und Kehle. Bei manchen alten Vögeln sind die grünen Federn an Kopf, Wangen, Kehle, Hals und Flügelbug mehr oder minder mit gelben oder orange=farbenen gemischt. Etwa Dohlengröße (Länge 32—34 cm; Flügel 18—20,2 cm; Schwanz 9,6—11,5 cm). Die Größe schwankt übrigens außerordentlich, nicht allein bei jung auf=gezogenen, sondern auch bei alten, in der Freiheit erlegten Vögeln.

Der kleine Gelbkopf ist an der geringern Größe, den dunklen Federrändern an der Ober= und Unter=

Müller-Amazone (Psittacus farinosus, Bdd.).
6/7 natürlicher Größe.

seite und dem breiten gelben Flügelbug sogleich von allen Verwandten zu unterscheiden. Heimat: nördliches Südamerika und Mittelamerika. Der Preis beträgt für den frisch eingeführten Vogel zuweilen 15 bis 18 Mk., für den eingewöhnten zahmen und schon sprechenden 20, 30, 45 und wol bis 100 Mk.

Rothschild's Amazone (Psittacus [Androglossa] Rothschildi, *Hartert*). Dr. E. Hartert fand auf seiner Reise in Westindien i. J. 1892 auf der Insel Bonaire einen Papagei, welcher der kleinen gelbköpfigen Amazone überaus ähnlich erschien und den er als neue Art feststellte und dem Besitzer des Tring-Museum in England zu Ehren benannte. Dieser Vogel unterscheidet sich nach Dr. Hartert's Angaben von dem kleinen Gelbkopf durch Folgendes: „Der bei P. ochropterus immer gelbe innere Flügelbug, der nur selten an der Wurzel etwas roth zeigt, ist bei P. Rothschildi lebhaft roth, mit nur geringer gelber Beimischung, und der gelbe Schulterfleck ist viel kleiner; die Federn des Bauchs sind nur schwach mit schwarz gesäumt."

Die Müller-Amazone
(Psittacus [Androglossa] farinosus, *Bdd.*).

Müllerpapagei, Müller, bepuderter Amazonenpapagei, bereifter Kurzflügelpapagei.
— Mealy Amazon Parrot. — Perroquet Amazone poudrée, Meunier.
— Muller Amazon Papegaai.

Wieder ein recht beliebter Sprecher, der entschieden zu den begabtesten gezählt werden darf und zugleich sanft und liebenswürdig sich zeigt, leider aber auch zu den schlimmsten Schreiern gehört und selbst als abgerichteter und völlig zahmer Vogel es nicht lassen kann, zeitweise ohrenzerreißenden Lärm zu machen.

Der bepuderte Amazonenpapagei ist an Stirn und Wangen gelbgrün; Scheitelmitte gelb, zuweilen fein roth gefleckt; am Oberkopf jede Feder violett gerandet; ganze übrige Oberseite dunkelgrasgrün, an Hinterkopf, Nacken und Hinterhals jede Feder mit schwärzlichem Endsaum; Spiegelfleck im Flügel scharlachroth; Schwanzfedern grün ohne Roth; ganze Unterseite heller gelblichgrün; untere Schwanzdecken grüngelb; Schnabel weißlichhorngrau, am Grunde des Ober- und Unterschnabels jederseits ein orangegelblicher Fleck, Nasenhaut schwärzlich; Augen dunkelbraun bis rothbraun, Iris mit kirschrothem Ring, nackter Kreis ums Auge weiß; Füße dunkelbraun, Krallen schwarz. Geschlechtsunterschiede und Jugendkleid nicht bekannt. Besondere Kennzeichen: Die Federn erscheinen wie mit Mehl bepudert und daher sieht die Oberseite graugrün aus, beim Stillsitzen ist der ganze Vogel einfarbig graugrün; weiter hat er bei rothem Flügelspiegel kein rothes Abzeichen im Schwanz und sein Gefieder ist mehr als das aller anderen Papageien mit Puderstaub gefüllt. Auch bei dieser Art kommen Abänderungen vor, bei manchen fehlt das Gelb am Scheitel, bei anderen erstreckt es sich über den ganzen Oberkopf; zuweilen zeigt einer die Puderdaunen garnicht. Rabengröße und darüber (Länge 47—49 cm; Flügel 22,2—25,6 cm; Schwanz 11 bis 14,6 cm). Er gehört also zu den größten unter allen Amazonenpapageien.

Seine Heimat ist der Norden von Südamerika, südlich bis zum mittleren Brasilien und Bolivia einschließlich, und er soll besonders in Guiana zahlreich vorkommen. Auch er wird viel gefangen, läßt sich leicht zähmen und abrichten und lernt recht gut sprechen, doch ist er seines Schreiens wegen nicht in dem Grade geschätzt wie die meisten vorhergegangenen Verwandten. Preis für den rohen Vogel 30 bis 45 Mk., als abgerichteter Sprecher 75, 90 bis 100 Mk.

Die gelbnackige Amazone
(Psittacus [Androglossa] auripalliatus, *Less.*).

Gelbnacken=, Goldnacken=Amazone, gelbnackiger Kurzflügelpapagei. — Goldennaped Amazon Parrot. — Perroquet Amazone à collier d'or. — Goudnek Amazone Papegaai.

Dem vorigen nahe verwandt, ist diese Art doch für den Kenner leicht zu unterscheiden. Sie erscheint an Stirn, Oberkopf und Wangen hellgrasgrün; Scheitel meerbläulich, Scheitelmitte mehr oder minder, manchmal garnicht, gelb; Augengegend meerblau, jede Feder schwärzlich gerandet; Nacken zitrongelb; Flügelrand nur zuweilen roth, manchmal mit einzelnen rothen Federn, doch auch bis zu großen rothen Achseln; Spiegelfleck im Flügel roth; Schwanzfedern am Grunddrittel der Innenfahne roth; ganze übrige Oberseite grasgrün, nur an Hinterhals und Halsseiten jede Feder mit schwärzlichem Endsaum; Unterseite mehr gelbgrün; Schnabel dunkelhorngrau, am Grunde ein gelblicher Fleck, Wachshaut schwärzlich mit schwarzen Borstenfederchen; Augen braun= bis röthlichgelb, Augenkreis weißlich; Füße bräunlichhorngrau, Krallen schwarz. Jugendkleid nach Hagenbeck ohne den gelben Nackenfleck. Besondere Kennzeichen: die meerblaue Färbung an Scheitel und Augengegend, der gelbe Nacken und die schwarzen Borstenfederchen auf der Nasenhaut. Im übrigen ist er der Surinam=Amazone sehr ähnlich. Nahezu Rabengröße (Länge 37—40 cm; Flügel 19,₁—21,₃ cm; Schwanz 11,₆—12,₄ cm). Heimat: Mittelamerika. Nach Angaben des Reisenden Dr. v. Frantzius soll er in Kostarika als Käfigvogel

sehr beliebt und als leicht lernender Sprecher hoch
geschätzt sein. Bei uns ist er im Handel etwas
seltner als die nächsten Verwandten, doch gehört er
immerhin zu den bekanntesten Papageien. Frau
Hedwig v. Proschek schildert eine gelbnackige Amazone,
welche Vieles sprach, auch sang und lachte, als
überaus liebenswürdig. Der Preis beträgt schon
für den frisch eingeführten Gelbnacken 40 bis 75 Mk.
und für den abgerichteten Sprecher 100, 120 bis
150 Mk., selbst bis 300 Mk.

Natterer's Amazone
(Psittacus [Androglossa] Nattereri, *Fnsch.*).
Natterer's Kurzflügelpapagei, Grüne Amazone. — Natterer's Amazon-Parrot. — Perroquet Amazone de Natterer. — Natterer's Amazone Papegaai.

Der österreichische Reisende Natterer hatte im
Jahr 1829 diesen Papagei nur in einem einzigen
Kopf im nordwestlichen Brasilien erlegt, und nach
demselben hat Dr. Finsch die Art beschrieben und
dem Forscher zu Ehren benannt. Dann wurde
Natterer's Amazone von Fräulein Chr. Hagenbeck
im Jahr 1877 zuerst lebend eingeführt und seitdem
ist sie immer einzeln in den Handel gelangt. Sie
ist an Stirn, Kopfseiten und Kehle blaugrün; Augenbrauen=
streif gelb; Hinterkopf mit bläulichaschgrauem Fleck; großer
Spiegelfleck im Flügel roth; Schwanzfedern durchaus ohne
Roth; ganze Oberseite dunkelgrün, an Nacken und Mantel jede
Feder dunkler gesäumt; Unterseite kaum heller grün; Brust
meerblau angeflogen, unterseitige Schwanzdecken gelblichgrün;

Gelbnackige Amazone (Psittacus auripalliatus, *Less.*).   Guatemala-Amazone (Psittacus Guatemalae, *Hartl.*).
¼ natürlicher Größe.

Schnabel horngrau, Spitze schwärzlich, am Grunde des Oberschnabels jederseits ein weißgelber Fleck, Wachshaut grauweiß; Augen braun bis orangeroth mit schmalem braunen Ring um die Iris, nackter Augenkreis weißgrau; Füße blaugrau, Krallen schwarz. Weibchen oder Jugendkleid: düstergrün, dem weißbepuderten Amazonenpapagei ähnlich, doch mit allen Artmerkmalen des Männchens. Besondere Merkmale: die bläuliche Färbung an Stirn, Zügeln und Augengegend; durchaus ohne gelben Scheitel; Flügelbug und Rand des Unterarms roth. Etwa Rabengröße (Länge 47—49 cm; Flügel 22,2—24,7 cm; Schwanz 11,8—14,6 cm). Als Heimat ist nur das nordwestliche Brasilien bekannt. Für die Liebhaberei hat diese Amazone erst geringe Bedeutung; bei häufigerer Einführung würde sie wol den vorhergegangenen nächsten Verwandten in jeder Hinsicht gleichen. Preis unbestimmt.

Die Guatemala-Amazone
(Psittacus [Androglossa] Guatemalae, *Hartl.*).

Blauscheitel-Amazone, blauscheiteliger Kurzflügelpapagei. — Guatemalan Amazon Parrot. — Perroquet Amazone de Guatemale. — Guatemala Amazone Papegaai.

Unter den frisch eingeführten Amazonenpapageien sieht man in der Regel mehrere Arten zusammen, welche, aus denselben oder doch naheliegenden Gegenden herstammend, von den Aufkäufern gleichzeitig auf die Schiffe gebracht werden; so kommt stets die Guatemala- mit der Mülleramazone herüber, doch ist sie viel seltner als letztre. Karl Hagenbeck sagt, sie sei wol schon vor länger als jetzt 30 Jahren, jedoch stets nur in wenigen Köpfen alljährlich, zu uns gelangt. Sie ist an Stirn, Oberkopf bis Nacken himmelblau; die Kopfseiten sind lebhaft grün; Nacken, Hinterhals, Mantel und Schultern grünlichgrau; Spiegelfleck im Flügel scharlachroth; Flügelrand ohne Roth; Schwanzfedern durchaus ohne Roth; ganze Oberseite dunkelgrasgrün; Unterseite kaum heller grün; Hinterleib und untere Schwanzdecken gelbgrün; Schnabel schwärzlich, Oberschnabel mit röthlichweißem Fleck, Wachshaut bläulichgrau; Augen karminroth, Iris mit breitem braunen Rand, Augenrand bläulichweiß; Füße weißgrau, Krallen schwarz. Das Weibchen ist an der Stirn grün, jede Feder nur blau gesäumt; Oberkopf und Nacken mehr lilablau; Wangen, Kopfseiten und Kehle grasgrün; Schnabel heller, schwärzlichhorngrau, nur mit weißlichem Fleck am Grunde des Unterschnabels; der rothe Ring in der Iris des Auges viel schmaler. Besondere Kennzeichen: der bläuliche Oberkopf; kein Roth am Flügelrand und im Schwanz; Puderdaunen am Rückengefieder. Fast über Rabengröße (Länge 47—48 cm; Flügel 22—23 cm; Schwanz 11,₆—12 cm). Als Heimat ist Südmexiko und Mittelamerika bekannt. Im Wesen zeigt sich die Guatemala-Amazone von den Verwandten durchaus nicht abweichend, namentlich gleicht sie dem „Müller", und wie alle anderen wird sie leicht zahm und lernt gut sprechen, ist aber zeitweise ein unleidlicher Schreier. Preis für den rohen Vogel schon 60 bis 75 Mk., für den Sprecher 90 bis 100 Mk.

Die Amazone mit gelbem Daumenrand (Psittacus [Androglossa] mercenarius, *Tschd.*) — Kurzflügelpapagei mit gelbem Daumenrand, Soldaten-Amazone — Mercenary Amazon Parrot — Perroquet Amazone mercénaire — wurde von J. von Tschudi

in Peru entdeckt. Als Heimat sind auch noch Neugranada und
Ekuador bekannt. Diese Art steht der Venezuela=Amazone am
nächsten, doch ist sie durch den Mangel der gelben oder blauen
Färbung am Kopf bei rothem Spiegelfleck im Flügel zu unter=
scheiden. Sie ist an Ober= und Hinterkopf grün, jede Feder
mit schwärzlichem Endsaum; am Oberrücken sind die End=
säume undeutlich; Spiegelfleck im Flügel scharlachroth, Flügel=
rand grün, Daumenrand röthlichgelb; roth im Schwanz; ganze
Oberseite dunkelgrasgrün; Unterseite heller grün; an Hals und
Brustseiten jede Feder mit schwärzlichem Endsaum; untere
Schwanzdecken gelbgrün; Schnabel gelblichhorngrau, Spitze des
Ober= und Grund des Unterschnabels braun; Augen gelb;
Füße braun, Krallen schwärzlich (nach Tschudi und Finsch).
Etwas unter Krähengröße (Länge 32—35 cm; Flügel 18 bis
20 cm; Schwanz 9—10 cm). Im Londoner zoologischen
Garten ist sie 1882 gewesen, sonst nur überaus selten eingeführt.

Die graunackige oder Halsbandamazone (Psittacus canipalliatus, *Cb.*], von Cabanis beschrieben, fällt nach Dr. Sclater in London
als das Jugendkleid der Amazone mit gelbem Daumenrand mit dieser Art
zusammen.

Bouquet's Amazone (Psittacus [Androglossa] Bou-
queti, *Bchst.*) — Blauköpfige Amazone, Bouquet's Kurzflügelpapagei —
Blue-faced Amazon or Bouquet's Amazon Parrot — Perroquet
Amazone de Bouquet — Bouquet's Amazone Papegaai — eine
Art, welche bereits von Edwards (1758) gut abgebildet und
also den älteren Schriftstellern bekannt war, hat trotzdem bis
zur neuesten Zeit Anlaß zu Irrthümern gegeben. An Stirn,
Ohrgegend, Wangen und Oberkehle violettblau, ist sie an der
ganzen Oberseite dunkelgrasgrün; Halsseiten heller; Spiegel=
fleck im Flügel roth, Flügelrand grün; seitliche Schwanzfedern
am Grunde der Innenfahne scharlachroth; Kehle und Ober=
brust roth; übrige Unterseite hellgrasgrün; Schnabel horngrau,
Oberschnabel jederseits mit orangegelbem Fleck, Nasenhaut
grauweiß; Augen orangegelb, nackter Augenkreis hellfleischfarben;

Füße schwärzlichgrau, Krallen schwarzbraun, Krähengröße. Die Heimat war bisher nicht bekannt, neuerdings aber hat Lawrence diese Art als neu unter dem Namen P. Nicholsi nach einem Vogel von Dominica beschrieben, welcher sich im Nationalmuseum von Washington befindet. Für die Liebhaberei ist der Vogel bis jetzt ohne Bedeutung.

Die blaumaskirte Amazone (Psittacus cyanops, *Vll.*; Androglossa versicolor, *Müll.*) — Blaumaskirter Kurzflügelpapagei — Blaustirnamazone — Blue-faced Amazon Parrot — Perroquet Amazone à face bleue — Blauwmasker Amazone Papegaai — war es, welche Dr. Sclater für die vorige Art gehalten hatte, während er nun festgestellt, daß drei Vögel im Londoner zoologischen Garten als Bouquet's Amazonen in der Liste verzeichnet, dieser Art angehörten. Beide, sagt der Gelehrte, kommen auf benachbarten Inseln vor, beide erscheinen grün mit blauem Gesicht und rother Flügelzeichnung und unterscheiden sich nur dadurch, daß die Deckfedern der Schwingen erster Ordnung bei der erstgenannten Art grün und bei der letztern blau sind. Hiernach haben wir in dieser einen bereits lebend eingeführten Amazonenpapagei vor uns, der jedoch zu den allerseltensten gehört und daher für die Liebhaberei kaum größre Bedeutung als die noch garnicht herübergebrachten Arten hat. Er ist an Vorderkopf, Zügeln und vorderen Wangen dunkelultramarinblau; Scheitel, Ohrgegend und Oberkehle blau; ganze Oberseite dunkelgrasgrün; an Hinterkopf, Hals und Rücken jede Feder schwarz gesäumt; obere Schwanzdecken gelbgrün; Spiegelfleck im Flügel scharlachroth; Deckfedern der ersten Schwingen blau; die beiden äußersten Schwanzfedern an der Innenfahne mit rothem Fleck; Kehle, Brust und Bauch weinroth; Schenkel, Hinterleib und untere Schwanzdecken gelbgrün; Schnabel bräunlichhorngrau; Füße und Krallen schwarzbraun. Besondere Kennzeichen: weinrothe Unterseite, blaue Deckfedern der ersten Schwingen und rother

Spiegelfleck im Flügel. (Beschreibung nach Dr. Finsch). Krähengröße. Heimat St. Lucia in Westindien.

Die braunschwänzige Amazone (Psittacus [Androglossa] augustus, *Vgrs.*) — Braunschwänziger Kurzflügelpapagei, Blaukopf, Kaiser-Amazone. — Imperial Amazon or August Amazon Parrot — Perroquet Amazone impériale Perroquet auguste — Bruinstaart Amazone Papegaai — soll die größte unter allen sein. Sie ist am Oberkopf düster röthlichbraun mit bläulichem Schein; Hinterkopf grünlichgrau; Zügel und Wangen braun; Nacken, Hinterhals und Halsseiten violettschwarz; Oberrücken, Flügeldecken und Hinterrücken, Bürzel und obere Schwanzdecken grasgrün, bläulich scheinend; Spiegelfleck im Flügel scharlachroth; Handwurzelfleck roth; Schwanz düster purpurbraun; ganze Unterseite röthlichbraun, mit blauviolettem Schein; Schnabel horngrau, Oberschnabel am Grunde gelblich; Füße und Krallen dunkelhornbraun. Rabengröße. (Beschreibung nach Dr. Sclater). Heimat: Dominika. Diese Art ist erst einmal lebend eingeführt und soll selbst in ihrem Vaterland überaus selten sein. Sie hat daher für die Liebhaberei nur geringe Bedeutung.

Guilding's Amazone (Psittacus [Androglossa] Guildingi, *Vig.*) — Guilding's Kurzflügelpapagei, St. Vincent-Amazone, Königs-Amazone. — Guilding's Amazon Parrot — Perroquet Amazone de Guilding — Guilding's Amazone Papegaai — gehörte selbst als Balg noch zu den seltensten Vögeln der Museen, ist aber seit d. J. 1874 in zwei Köpfen in den Londoner, dann i. J. 1880 in den Amsterdamer zoologischen Garten und später durch A. Jamrach in London und Frl. Chr. Hagenbeck in Hamburg mehrfach in den Handel gelangt. Er ist einer der prächtigsten: an Stirn, Ober-, Hinterkopf und Gegend ums

Auge weiß; Nacken, Schläfe, untere Wangen und Ohrgegend blau; Hinterhals und Halsseiten düstergrünlich; Mantel, Rücken und Schultern grünlich, kastanienbraun verwaschen; Hinterrücken und obere Schwanzdecken mehr kastanienrothbraun; Spiegelfleck im Flügel lebhaft orangegelb; Handrand und Schwanzfedern am Grunddrittel gleichfalls orangegelb; ganze Unterseite kastanienbraun, an Brust und Bauch schwärzlich, an Bauchmitte und Schenkeln grünlich scheinend; Hinterleib und untere Schwanzdecken grüngelb, schwach bläulich scheinend; Schnabel horngrau, Wachshaut grauweiß; Augen dunkel- bis rothbraun, nackter Augenkreis bläulichweiß; Füße horngraubraun, Krallen schwärzlich. Nahezu Rabengröße (Länge 40 cm; Flügel 22 cm; Schwanz 14 cm). Heimat: Die Insel St. Vincent. In ihren Eigenthümlichkeiten und also auch in der Sprachbegabung wird sie wol mit den vorhergegangenen Verwandten übereinstimmend sich zeigen.

Die gelbbäuchige Amazone (Psittacus [Androglossa] xanthops, *Spx.*). — Gelbbäuchiger Kurzflügelpapagei, Goldbauch-Amazone — Yellow-bellied Amazon Parrot — Amazone à ventre jaune — Geelbuik Amazone Papegaai — befand sich in zwei Köpfen, jedenfalls den ersten, welche lebend eingeführt worden, in der Sammlung des Herrn Karl Hagenbeck auf der ersten „Ornis"-Ausstellung in Berlin. Der gelbbäuchige Amazonenpapagei ist an Stirn und Vorderkopf bis zur Kopfmitte gelb; Ober- und Hinterkopf grün; Wangen und Kopfseiten grüngelb, Wangenfleck zuweilen dunkelgelb; kein rother Spiegelfleck im Flügel; Deckfedern am Unterarm gelb; die äußeren Schwanzfedern mit rothem Fleck über beide Fahnen; ganze übrige Oberseite olivengrünlichgrasgrün; Unterseite heller grün; Bauch mit breiter gelber, jederseits in einen rothen Fleck endender Binde; Schnabel horngelb, Spitze weißlich, Nasenhaut weiß;

Augen braungrau bis gelbroth mit orangegelbem Ring um die Iris, nackte Haut weiß; Füße und Krallen bräunlichhorngrau. Zuweilen ist ein breiter schwach blauer Stirnrand vorhanden; der ganze Kopf, Hals und die Oberkehle sind gelb; im Nacken einige grüne Federn; Ohrgegend röthlichorangegelb; Schwingen zweiter Ordnung an der Außenfahne breit roth, im Schwanz dagegen kein Roth; Achseln, Brust= und Oberbauchseiten gelblichzinnoberroth; Unterseite röthlichorangegelb; Schenkel, Hinterleib und untere Schwanzdecken grün. Krähengröße (Länge 36,5—40 cm; Flügel 20,2—22 cm; Schwanz 10,5—12,5 cm). Heimat: westliches Brasilien.

Die blaukehlige Amazone
(Psittacus [Androglossa] festivus, *L.*).

Blaubart, blaubärtige Amazone, rothrückige Amazone, blaukinniger Kurzflügelpapagei. — Festive Amazon Parrot. — Perroquet Amazone à dos rouge, Perroquet Tavoua. — Blauwkeel Amazone Papegaai.

Seit Linné her bekannt, wurde diese Amazone von den älteren Schriftstellern, so besonders von Buffon, als Sprecher gerühmt, der sogar den Graupapagei übertreffen solle, doch habe sie zugleich sehr böse Eigenschaften, denn sie sei falsch und boshaft und beiße, während man sie liebkose. Auch neuere Reisende, wie Schomburgk, behaupten, daß sie zu den gelehrigsten Papageien gehöre, sehr deutlich sprechen und Lieder nachpfeifen lerne. Aufmerksame Beobachtung in letzterer Zeit hat aber ergeben, daß diese Aussprüche größtentheils unrichtig sind. Falsches, tückisches Wesen zeigen alle Papageien, welche schlecht erzogen worden, und unter allen bis hierher geschilderten, lebend eingeführten Amazonen steht diese an Sprachbegabung ganz entschieden beträchtlich zurück.

Sie zeigt Stirnrand und Zügel blutroth; Augenbrauen- und Schläfenstreif hellblau; Oberkopf mit breitem grünen Fleck, Hinterkopf bis zum Nacken blau, Kopfseiten grün; Hinterrücken und Bürzel scharlachroth; Flügel ohne rothen Spiegelfleck, Deckfedern der ersten Schwingen und Eckflügel dunkelblau; nur die äußerste Schwanzfeder beiderseits am Grunde roth; ganze übrige Oberseite dunkelgrasgrün; Unterseite heller grün; Kehle blau; untere Schwanzdecken gelbgrün; Schnabel blaßfleischfarben, Wachshaut schwärzlich; Auge braun bis karminroth mit dunkelbraunem Ring um die Iris, nackte Haut ums Auge weißlichgrau; Füße grauweiß bis bräunlich-horngrau, Krallen schwarzbraun. (Bei manchen sind Hinterrücken, Bürzel und Schwanz einfarbig grün; ob dies das Kleid des Weibchens oder das Jugendkleid sei, ist noch nicht bekannt. Auch der rothe Zügel fehlt zuweilen; der grüne Fleck auf dem Oberkopf erstreckt sich mehr oder minder weit; der Hinterkopf ist bis zum Nacken blau. Krähengröße (Länge 36,5 cm; Flügel 19,2—20 cm; Schwanz 8,9—9,6 cm).

Heimat: Mittelamerika und das nördliche und mittlere Südamerika. Im Handel erscheint sie nicht häufig, und daher mag es kommen, daß sie schon als roher Vogel ziemlich hoch bezahlt wird. Preis 30 bis 50 Mk., selbst 60 bis 75 Mk.

Bodinus' Amazone
(Psittacus [Androglossa] Bodini, *Fnsch.*).
Rothstirn=Amazone. — Bodinus' Amazon Parrot. — Perroquet Amazone de Bodinus. — Bodinus' Amazone Papegaai.

Unter den vielen Beispielen, in denen die Liebhaberei und der Vogelhandel der Wissenschaft große

Dienste geleistet, steht die Einführung dieser Amazone hoch obenan. Ein solcher Vogel befand sich im Jahr 1872 im zoologischen Garten von Berlin, wurde von Dr. Finsch beschrieben und dem Direktor Dr. Bodinus zu Ehren benannt. Er hat eine breite scharlachrothe Stirnbinde bis zur Kopfmitte; Zügelstreif schwärzlich; Kopfseiten bläulich; Unterrücken und Bürzel scharlachroth; ganze übrige Oberseite (auch obere Schwanzdecken und Flügelrand) grün; nur die beiden äußersten Schwanzfedern am Grunde der Innenfahne roth; kein rother Spiegelfleck im Flügel; Wangen, Kehle und übrige Unterseite dunkelgrasgrün, ohne schwärzliche Federränder; Schnabel schwärzlich, Wachshaut graugelb; Auge braun bis orangegelb, nackte Haut weißlich; Füße schwärzlichgrau, Krallen schwarz. Krähengröße (Länge 35 bis 36 cm; Flügel 19,₅—20 cm; Schwanz 9—9,₉ cm). Heimat: Venezuela. Der blaukehligen Amazone sehr ähnlich, unterscheidet sich diese durch den schwärzlichen Zügelstreif und das Fehlen des blauen Augenbrauen- und Schläfenstreifs, die bläulichen, anstatt grünen Kopfseiten, die grünen oberen Schwanzdecken, den grünen und nicht blauen Flügelrand, die dunklere Unterseite und den schwärzlichen Schnabel. Im Jahr 1879 brachte Fräulein Hagenbeck eine zweite Bodinus' Amazone auf die Berliner Vogelausstellung, und seitdem gelangt sie immer von Zeit zu Zeit in den Handel. Ein feststehender Preis läßt sich der Seltenheit wegen nicht angeben.

Die St. Domingo-Amazone
(Psittacus Salléi, *Scl.*; Androglossa ventralis, *Müll.*).

Sallé's Amazone, weißstirnige Portoriko=Amazone, Blaukronenamazone, Sallé's Kurzflügelpapagei. — Sallé's Amazon Parrot. — Perroquet Amazone de Sallé, Perroquet Amazon de St. Domingue, Perruche à ventre pourpre. — Sallé's Amazone Papegaai.

Mit dieser Art beginnt eine Gruppe kleiner Amazonen, welche von den Händlern gewöhnlich sämmtlich Portoriko=Papageien genannt werden. Sie bleiben an Sprachbegabung und Klugheit hinter den vorausgegangenen großen Sprechern entschieden zurück, dagegen werden sie in der Regel ungemein zutraulich und liebenswürdig, während sie freilich als arge Schreier gelten müssen.

Sallé's Amazonenpapagei ist an Stirn und Zügeln weiß; Vorderkopf und Scheitel düsterblau; Wangen grün; Ohrgegend schwarz; obere Schwanzdecken gelbgrün; Deckfedern der ersten Schwingen und Eckflügel blau; äußere Schwanzfedern an der Grundhälfte scharlachroth, welche Färbung nach innen zu an Ausdehnung abnimmt; ganze übrige Oberseite dunkelgrasgrün, jede Feder schwärzlich gesäumt; Unterseite heller grasgrün; Hinterleib mit rundem, düster scharlachrothem Fleck; Schenkelgegend bläulichgrün; Schnabel gelblichhorngrau, Wachshaut weißgrau; Augen dunkelbraun bis rothbraun, nackter Augenkreis fast reinweiß; Füße weißgrau, Krallen horngrau. Besondere Kennzeichen: Der Mangel des rothen Stirnrands, Augenbrauenstreifs und Spiegelflecks im Flügel; die Stirn ist zuweilen gelblichweiß. Etwa Dohlengröße (Länge 31,₅—33 cm; Flügel 17,₂—18,₂ cm; Schwanz 9,₆—10 cm).

Heimat: die Insel St. Domingo (Haïti).

Der niedliche Papagei wurde schon von Brisson (1760) beschrieben und war also den älteren Schrift=

stellern bekannt, doch hielt man ihn für das Weibchen der weißköpfigen Amazone und erst Dr. Sclater (1857) hat ihn mit Sicherheit als Art festgestellt. Er gelangt verhältnißmäßig selten in den Handel und ist auch nicht besonders beliebt. Preis 18 bis 20 Mk. für den frisch eingeführten und 60 bis 75 Mk. für den gezähmten und abgerichteten Vogel.

Die rothstirnige Portoriko-Amazone
(Psittacus [Androglossa] vittatus, *Bdd.*).

Rothstirnige Amazone, bloß Portoriko=Amazone, rothstirniger Kurzflügelpapagei. — Red-fronted Amazon Parrot. — Perroquet Amazone à front rouge, erronément Perroquet de St. Domingue. — Roodvoorhoofd Amazone Papegaai.

Auch diese Art wurde als das Weibchen einer andern angesehen. Sie ist von Bobbaert (1783) beschrieben, doch war bis zur neuern Zeit nichts über sie bekannt. Sie hat einen scharlachrothen Stirnrand; ihre ganze Oberseite ist dunkelgrasgrün, jede Feder mit breitem schwarzen Endsaum; Deckfedern der ersten Schwingen und Eckflügel düsterblau, Flügelrand meistens grün; äußerste Schwanzfedern am Grunde mit rothem Fleck; Kehlfleck roth; ganze Unterseite hellgrün, an Hals und Brust jede Feder schwarz gesäumt; Bauch und untere Schwanzdecken gelbgrün; Schnabel horngrau, Oberschnabel am Grunde graugelb, Wachshaut weiß; Augen braun= bis rothgelb, nackter Augenkreis weißlich; Füße bräunlichfleischfarben, Krallen braun. Abänderungen: Zuweilen auch Gesicht und Oberkehle roth; Flügelrand lebhaft gelb; der rothe Kehlfleck fehlt. Besondere Kennzeichen: bei rothem Stirnrand und blauen Deckfedern und Eckflügel kein rother Spiegelfleck im Flügel. Dohlen=

größe (Länge 33,8 cm; Flügel 16,6—18 cm; Schwanz 9 bis 10,5 cm). Von dem Reisenden Moritz wurde sie auf Portoriko beobachtet. Sie soll scharenweise die Maisfelder verheren. Aus dem Nest geraubt und von Frauen aufgezogen und abgerichtet, lerne sie alle möglichen Töne von Menschen und Thieren nachahmen. Zu den gemeinsten Vögeln im Handel gehörend, wird sie auch von einzelnen Liebhabern recht geschätzt, im ganzen gilt jedoch inbetreff ihrer Begabung das über die kleinen Arten Gesagte, und ihr Preis steht dementsprechend auch keineswegs hoch, denn man kauft sie zwischen 20 bis 30 Mk., 40 bis 60, höchstens 70 Mk.

Die weißköpfige Amazone mit rothem Bauchfleck (Psittacus [Androglossa] leucocephalus, *L.*).

Rothhalsige Kuba=Amazone, bloß Kuba=Amazone, rothbäuchiger Kurzflügelpapagei. — White-fronted Amazon Parrot. — Perroquet Amazone à tête blanche, Perroquet Amazone de Cuba. — Havana of Cuba Amazone Papegaai.

Dieser Weißkopf gehört zu den am längsten bekannten amerikanischen Papageien, denn er wird schon von Aldrovandi erwähnt. Von Edwards zuerst beschrieben, hat ihn Linné wissenschaftlich benannt. Die alten Schriftsteller lobten ihn sehr, und Catesby heißt ihn sogar Paradispapagei; auch Bechstein zählt diese zu den gelehrigsten Arten und hebt hervor, daß sie sehr viel plaudre und überaus zahm werde.

Weißköpfige Amazone mit rothem Bauchfleck (Psittacus leucocephalus *L.*).
⅓ natürlicher Größe.

Sie ist an Stirn, Oberkopf, Zügeln und Augenrand weiß; Wangen, Ohrgegend und Kehle sind purpurroth; obere Schwanzdecken gelbgrün; Deckfedern der ersten Schwingen und Eckflügel blau; Schwanzfedern an der Grundhälfte der Innenfahne scharlachroth; ganze übrige Oberseite dunkelgrasgrün, jede Feder mit breitem schwarzen Endsaum; Unterseite grasgrün, jede Feder nur schmal schwarz gesäumt; Bauch purpurviolett; Schenkel hellblau; untere Schwanzdecken gelbgrün; Schnabel schwach gelblichweiß, Wachshaut reinweiß; Augen bräunlich= bis röthlichgelb, Augenkreis weiß; Füße weißlichfleischfarben, Krallen fleischfarben. Beim Weibchen soll der rothe Kehlfleck sich bis auf die Oberbrust ausdehnen und auch die Unterbrust purpur= violett sein. Jugendkleid: nur die Stirn weiß; Ohrfleck mehr grauschwärzlich; Wangen grün mit einzelnen rothen Federn. Besondere Kennzeichen: Mangel des rothen Stirnrands und Augenbrauenstreifs; Flügel ohne rothen Spiegelfleck; dagegen der purpurviolette Bauch. Stark Dohlengröße (Länge 32—34 cm; Flügel 17,₆—19,₆ cm; Schwanz 10,₅—11 cm).

Heimat: die Insel Kuba. Ueber das Freileben hat Dr. Gundlach berichtet: „Dieser Papagei verursacht besonders am Obst Schaden, doch auch an anderen Nutzgewächsen und wird deshalb, wie auch seines Fleisches wegen, welches jedoch hart sein soll, verfolgt. Durch das Herunterschlagen des Gehölzes wird er immer mehr in den Urwald zurück= gedrängt. Die Nistzeit beginnt im April und dauert bis Juli; als Nest wird ein Astloch vornehmlich in einer verdorrten Palme benutzt, und das Gelege besteht in 3—4 Eiern. Die Jungen werden vielfach geraubt und aufgefüttert, und man schätzt sie, weil sie leicht Worte und Sätze nachsprechen lernen, sehr zahm und zutraulich werden, angenehmes Wesen und schönes Gefieder haben."

Unsere Liebhaber loben ihn ebenfalls als gelehrig, gutmüthig und leicht zähmbar. Er plappert sehr gern, sagt Herr K. Petermann in Rostock, und an= haltend, jedoch meistens unverständlich, und wenn er auch bedeutendes Unterscheidungsvermögen und ein vorzügliches Gedächtniß hat, so bleibt er doch

an Begabung in jeder Hinsicht hinter dem Grau=
papagei und den hervorragenden Amazonen zurück.
Dieser Ausspruch ist entschieden zutreffend. Der
genannte liebevolle Vogelpfleger hat eine solche
Kuba=Amazone, welche in 22 Jahren niemals krank
gewesen ist. Der Preis steht nicht hoch, manchmal
auf 15 bis 20 Mk., abgerichtet auf 30 bis 50 Mk.

Die weißköpfige Amazone ohne rothen Bauchfleck
(Psittacus [Androglossa] collarius, *L.*).

Weißköpfige Amazone, Jamaika=Amazone, weißköpfiger Kurzflügelpapagei. —
Red-throated Amazon Parrot. — Perroquet Amazone à gorge rouge,
Perroquet Amazone de la Martinique. — Witkop Amazone Papegaai.

Mit der vorigen früher vielfach verwechselt oder
zusammengeworfen und ihr auch überaus ähnlich,
ist diese weißköpfige Amazone gleichfalls schon längst
bekannt, von Brisson (1760) beschrieben und von
Linné benannt. Sie erscheint an Stirn und Zügeln rein=
weiß; der übrige Oberkopf ist bläulichgrün bis blau; die Kopf=
seiten und Oberkehle, auch meistens der Hinterhals sind wein=
roth; Gegend unterm Auge blaßblau; Ohrgegend grünlichblau;
obere Schwanzdecken gelbgrün; Deckfedern der ersten Schwingen
bläulichgrün; alle Schwanzfedern, mit Ausnahme der beiden
mittelsten reingrünen, an der Grundhälfte scharlachroth; ganze
übrige Oberseite grasgrün; an Nacken und Hinterhals jede Feder
schwärzlich gesäumt; Unterseite schwach heller grün; Schenkel,
Hinterleib und untere Schwanzdecken gelbgrün; Schnabel wachs=
gelb, Spitze des Oberschnabels grauweiß (hellhornfarben, am
Grunde blaßschwefelgelb), Wachshaut grauweiß; Augen dunkel=
bis rothbraun, Augenkreis grauweiß; Füße bräunlichgelbgrau,
Krallen schwarz. Stark Dohlengröße (Länge 32—33 cm; Flügel

17—17,4 cm; Schwanz 9,4—10,3 cm). Unterscheidungszeichen von der vorigen Art: Oberseite einfarbig grasgrün ohne die breiten schwarzen Federnsäume, die nur an Nacken und Hinterhals schmal und schwach sich zeigen; der rothe Bauchfleck fehlt. Heimat: Jamaika; dort soll sie ziemlich häufig sein. Auch sie schätzen manche Liebhaber als gelehrig, doch dürfte sie kaum die vorige erreichen*). In den Handel gelangt sie verhältnißmäßig selten und daher steht ihr Preis etwas höher 30, 45 bis 60 Mk.

Die Brillen-Amazone
(Psittacus [Androglossa] albifrons, *Sprrm.*).

Weißstirnige Amazone, Weißstirn-Amazone, weißzügeliger Kurzflügelpapagei. — White-browed Amazon Parrot, Spectacle Parrot. — Perroquet Amazone à front blanc, Perroquet à joues rouges. — Witvoorhoofd Amazon Papegaai.

Schon von Hernandez i. J. 1651 beschrieben, war dieser Papagei trotzdem in den Museen als Balg bisher noch immer selten, während er im Handel längst, wenn auch keineswegs zu den häufigen, doch zu den bekannteren gehörte; neuerdings ist er auch oft auf den Vogelausstellungen aufgetaucht. Er erscheint an Stirn und Vorderkopf weiß mit blauem Scheitelfleck, schmaler Stirnrand, Zügel und Streif oberhalb des Auges und Gegend breit ums Auge neben dem Schnabel scharlachroth (der rothe Stirnrand fehlt zuweilen); Hinterkopf und Nacken bläulichgrün; Wangen und Ohrgegend gelbgrün;

---
*) In einzelnen Fällen ist sie als vorzüglicher, allerliebster Sprecher erkannt worden.

Eckflügel und Deckfedern der ersten Schwingen scharlachroth; Flügelrand grün; die vier äußeren Schwanzfedern an der Grundhälfte über beide Fahnen roth; ganze übrige Oberseite dunkelgrasgrün, jede Feder schwärzlich gesäumt; Unterseite schwach heller grün mit verwaschenen dunkelen Federnsäumen; Bauch und untere Schwanzdecken gelbgrün; Schnabel graulich= wachsgelb, Nasenhaut gelbgrau; Augen gelb= bis röthlichbraun, nackte Haut ums Auge schieferschwarz; Füße bräunlichgrau, Krallen schwärzlich. Etwa Dohlengröße (Länge 31—32 cm; Flügel 18,5—19 cm; Schwanz 9,6—11 cm). Heimat: Mexiko und Mittelamerika.

Diese bis dahin wenig beachtete Amazone ist von Herrn Friedrich Arnold in München mit großer Liebe geschildert worden. „Sie spricht sehr viel, aber nur wenige Worte deutlich; sie lernt sehr rasch und vergißt ebenso schnell. Im übrigen ist sie ein herziger Hausfreund, der sich von den Kindern alles gefallen, im Puppen= wagen spazieren fahren läßt u. s. w.; sie neckt auch gern selbst, klettert z. B. am Vorhang genau so hoch, daß ihre kleinen Freunde sie nicht erreichen können und fordert nun diese durch fortwährende Zurufe auf, sie vermittelst Stuhl und dann Tisch weiter zu verfolgen, bis sie endlich auf der Vorhangstange in sichrer Höhe gleichsam würdevoll auf= und abschreitet. Ihren verschiedenen Wünschen, wie Köpfchen krauen, Pfote geben und Erlangung von Milchbrotstückchen oder Apfelschnittchen, muß immer bald folgegeleistet werden, denn wenn man diese bescheidenen Ansprüche nicht beachtet, so zieht sie sich zurück und weist jeden Versöhnungsversuch mit Schnabelhieben ab. Im übrigen zerstört sie Alles, was sie erreichen kann, und wenn sie bestraft werden soll, so weiß sie mit wirklich bewundernswerther Verschlagenheit durch ganz außerordentliche Liebenswürdigkeit die Aufmerksamkeit abzulenken. Sie ist und bleibt daher der Liebling aller Familienmitglieder." Auch hier haben wir also eine Be= stätigung des Urtheils über die Begabung der kleineren Amazonenarten vor uns. Der Preis beträgt der Seltenheit wegen 25 bis 30 Mk. für den soeben angekommen, steigt aber auch nur bis zu 50 Mk. für den abgerichteten Vogel.

Die weißstirnige Amazone mit gelbem Zügel- und Kopfstreif (Psittacus [Androglossa] xantholórus, *Gr.*) — Gelbzügel-Amazone, gelbzügeliger Kurzflügelpapagei — Yellow-lored Amazon Parrot — Perroquet Amazone à oreilles jaunes — Geeloor Amazone Papegaai — eine Art, von der Dr. Finsch noch 1867/68 sagt, sie sei den meisten Ornithologen unbekannt und selten in den Museen vorhanden, auch werde sie immer mit der vorhergegangnen verwechselt, hatte ich trotzdem in einem hübschen Vogel bereits i. J. 1872 vor mir, und habe sie dann auch seitdem mehrfach im Handel und namentlich auf den Ausstellungen gesehen. Sie ist am Vorderkopf und bis über die Scheitelmitte mehr oder minder weit hinauf reinweiß; Augenbrauen- und breiter Streif unterm Auge scharlachroth; Zügel und schmaler Streif oberhalb der rothen Augenbrauen um die Stirnplatte zitrongelb; an der Ohrgegend ein runder bräunlichschwarzer Fleck; Deckfedern der ersten Schwingen scharlachroth; Schulterrand, Flügelbug und Achseln roth; äußere Schwanzfedern mit rothem Fleck am Grund der Außen- und Innenfahne; ganze übrige Oberseite dunkelgrasgrün, jede Feder breit schwarz gesäumt; ganze Unterseite heller grün, gleichfalls jede Feder breit schwarz gesäumt; unterseitige Schwanzdecken gelbgrün; Schnabel düsterwachsgelb, Nasenhaut rußschwarz; Augen braun bis orangeroth, nackte Haut ums Auge blau; Füße bräunlichgelb, Krallen braun. Besondere Kennzeichen: Gelber Zügel; breite weiße Stirn; geringes oder garkein Blau am Oberkopf; schwarzer Ohrfleck; geringes Roth im Schwanz; Eckflügel grün, doch zuweilen breit roth; am Ober- und Unterkörper deutliche dunkele Federnsäume. Etwa Dohlengröße (Länge 28—30 cm; Flügel 16—18 cm; Schwanz 8,₅—9 cm). Eine der kleinsten Amazonen. Heimat: Südmexiko und Mittelamerika. Uebrigens ist die Gelbzügelige Amazone von Kuhl i. J. 1821 beschrieben und von Gray i. J. 1859 benannt. Im Wesen und in der Begabung, namentlich in der Liebenswürdigkeit, gleicht sie durchaus den vorigen. Preis 30 bis 60 Mk.

Prêtre's Amazone
(Psittacus [Androglossa] Prêtrei, *Tmm.*).
Prêtre's Kurzflügelpapagei, Pracht=Amazone. — Prêtre's Amazon Parrot. — Perroquet Amazone de Prêtre. — Prêtre's Amazone Papegaai.

Bis zum Jahr 1883 war diese, eine der schönsten aller Amazonen, noch nicht lebend eingeführt, seitdem ist sie mehrmals in den Besitz von Liebhabern gelangt und auf Ausstellungen immer als große Seltenheit gezeigt und prämirt worden. Sie erscheint an Stirn, Vorderkopf, Zügeln und Augenkreis scharlachroth; Deckfedern der ersten Schwingen, Eckflügel, Unterarm und Handrand gleichfalls scharlachroth; Schwanzfedern ohne Roth und wie die der ganzen übrigen Oberseite olivengrünlich=grasgrün, an der Endhälfte mehr grüngelb, am Grunde der Innenfahne mattbräunlichschwarz; ganze Unterseite grasgrün; Schenkelgegend scharlachroth; Hinterleib und untere Schwanzdecken reingelbgrün; Schnabel bräunlichhorngrau, am Oberschnabel jederseits ein röthlicher Fleck; Augen braun; Füße und Krallen dunkelhorngrau. Besondere Kennzeichen: das viele Roth, insbesondre am Kopf, und der Mangel desselben in den Schwanzfedern. Beim jungen Vogel ist der Oberschnabel röthlichgelb, Spitze fahlgelb, Unterschnabel wachsgelb; Augen schwarz, mit hellem Augapfelrand, nackter Augenkreis bläulich; Schnabelwachshaut fahlgelbgrau; Füße zart bläulichhorngrau.

Das Roth am Flügel tritt erst wenig hervor, insbesondre ist vom Roth der ersten Deckfedern noch wenig wahrzunehmen; der Flügelrand ist roth und gelb geschuppt; auch die Schenkel sind wenig roth und etwas gelb. Die Heimat ist Südbrasilien und Uruguay.

Die Amazone mit rothen Flügeldecken (Psittacus [Androglossa] agilis, *L.*) — Rothspiegel-Amazone, Kurzflügelpapagei mit rothen Schwingendecken — Active Amazon Parrot — Perroquet Amazone active; Perroquet crik — Roodvleugel Amazone Papegaai — war wiederum den älteren Schriftstellern schon bekannt, denn bereits Edwards (1751) hat ihn beschrieben und Linné (1767) benannt. Buffon bezeichnet ihn als den eigentlichen „Krik", nach welchem alle hierhergehörenden Amazonen gleichfalls mit diesem Namen belegt worden. Er ist am Oberkopf grünlichblau; erste Schwingen an der Außenfahne, zweite an der Endhälfte blau; Deckfedern der ersten Schwingen zinnoberroth; Schwanzfedern am Grunde der Innenfahne gelb mit rothem Fleck, die beiden mittelsten Schwanzfedern jedoch einfarbig grün; ganze übrige Oberseite (auch Eckflügel, Flügelbug und die übrigen Deckfedern) grasgrün; Unterseite kaum heller grün; untere Schwanzdecken gelbgrün; Schnabel grauschwarz, am Grunde des Oberschnabels jederseits ein hellerer Fleck, Wachshaut schwärzlichaschgrau; Augen dunkelbraun; Füße und Krallen grauschwarz. (Bei manchen, wahrscheinlich jungen, Vögeln ist das Roth der Deckfedern der ersten Schwingen sehr blaß oder es fehlt beinahe ganz). Beschreibung nach Finsch und Gosse. In der Größe gleicht er den beiden weißstirnigen Amazonenpapageien, und dies wird auch wol in allen übrigen Eigenthümlichkeiten der Fall sein. Heimat: Jamaika. Bis jetzt ist die Art in den zoologischen Garten von London gelangt und sonst noch gar nicht eingeführt worden.

Die rothmaskirte Amazone
(Psittacus [Androglossa] brasiliensis, *L.*).

Rothmasken-Amazone, rothmaskirter Kurzflügelpapagei. — Red-masked Amazon Parrot. — Perroquet Amazone à masque rouge. — Roodmasker Amazone Papegaai.

Als ein vorzugsweise interessanter Papagei steht diese Amazone, die nicht mehr zu der Gruppe der kleinen gehört, sondern im Gegentheil eine der größten ist, vor uns. Sie ist an Stirn und Oberkopf scharlachroth (Zügel und Stirnseiten mattscharlachroth, Stirnmitte und Vorderkopf fahlroth mit gelblichgrünem Schein); Wangen und Ohrgegend blauröthlich (Streif über dem Auge und Ohrgegend kornblumenblau); Hinterkopf und Nacken grün (jede Feder mit rothem Fleck in der Mitte); Schwingen erster und zweiter Ordnung an der Außenfahne mehr oder minder gelb; Schwanzfedern an der Endhälfte scharlachroth mit grüngelber Spitze, die beiden mittelsten ohne Roth; ganze übrige Oberseite grasgrün, ohne dunkele Federnränder (doch an Mantel, oberen Flügeldecken und Schultern mit kräftig schwarzblauem Schein, Rücken, Bürzel und obere Schwanzdecken reingrün); ganze Unterseite gelbgrün; Oberkehle blauröthlich; Schnabel bräunlichhorngrau mit heller First, schwärzlicher Spitze und jederseits am Oberschnabel ein gelbgrauer Fleck, Unterschnabel gelblichhorngrau, Nasenhaut grau; Augen braun mit orangerothem Ring (zuweilen dunkelblau), nackte Haut graublau; Füße grau, Krallen schwarz. Als besondres Kennzeichen ist der schwarzblaue Schein des Gefieders zu betrachten. Fast über Rabengröße (Länge 39—45 cm; Flügel 22—24 cm; Schwanz 11—15 cm). Neuerdings erst ist Südbrasilien als Heimat ermittelt.

Im Jahr 1828 befand sich eine rothmaskirte Amazone in der Sammlung lebender Vögel des

Kaisers von Oesterreich in Schönbrunn, viele Jahrzehnte später hatte der Graf Hollstein eine solche von seiner Reise aus Brasilien mitgebracht, die dann in den Besitz des Herrn Karl Hagenbeck überging, welcher sie auf der großen „Ornis"-Ausstellung in Berlin in der schon mehrfach erwähnten Amazonen-Sammlung zeigte. Die dritte Amazone dieser Art erlangte Herr K. Petermann in Rostock durch den Vogelhändler A. Schäffer in Hamburg und seitdem ist sie mehrfach, wenn auch immer nur einzeln, in den Handel gekommen. Auf der „Ornis"-Ausstellung i. J. 1890 kostete sie 120 Mk.; neuerdings ist sie für 80 Mk. ausgeboten. Hagenbeck sagt und Petermann bestätigt es, daß diese Amazone überaus zahm wird und so sanft sich zeigt, daß man alles Mögliche mit ihr beginnen kann, ohne daß sie beißt. Bandermann hatte i. J. 1884 einen Vogel dieser Art, der zahm war, viel sprach, ein Lied pfiff und leicht lernte.

Die rothschwänzige Amazone
(Psittacus [Androglossa] erythrurus *Khl.*).

Rothschwänziger Kurzflügelpapagei, Rothschwanz-Amazone. — Red-tailed Amazon Parrot. — Perroquet Amazon à queue rouge. — Roodstaart Amazone Papegaai.

In alter Zeit kam es vielfach vor, daß die Eingeborenen und zwar ebensowol in Amerika wie in Indien, aus den Federn, bzl. Bälgen der ver-

schiedensten Arten einen Vogel zusammensetzten und
ihn als absonderlich schöne, seltne oder noch nicht
bekannte Art verhandelten; selbst gegenwärtig wird
diese Kunst noch, wenn auch nicht häufig, betrieben.
Früher wurde sie mit solcher Geschicklichkeit ausge=
führt, daß sich sogar hervorragende Gelehrte zu=
weilen täuschen ließen. Die rothschwänzige Amazone
zeigt nun aber gerade einen entgegengesetzten Fall,
indem Dr. Finsch das einzige vorhandene Stück
(im Pariser Museum), welches er freilich nicht selber
gesehen, für solch' „Artefakt" hielt. Drei lebende
Amazonen dieser Art brachte dann jedoch Herr
Karl Hagenbeck auf die „Ornis"=Ausstellung nach
Berlin i. J. 1879, und somit konnte ich nach dem
vor mir stehenden lebenden Vogel die Beschreibung
geben. Stirnrand, bis fast zur Mitte des Oberkopfs, und
Streif oberhalb der Augen scharlachroth; Oberkopf, Zügel,
Gegend unterm Auge, Wangen und Kehle blau; Hinterkopf
und Nacken grasgrün, jede Feder fein schwärzlich gerandet;
Mantel und Rücken dunkelgrün, jede Feder breit gelb ge=
randet; Unterrücken, Bürzel und obere Schwanzdecken gelblich=
grün; übrige Oberseite grasgrün; Flügelrand mit schmalem
scharlachrothen Streif, Flügelbug und Handrand grün;
Schwanzfedern über beide Fahnen scharlachroth, am Grunde
grün, am Ende gelbgrün; ganze Unterseite grün, jede Feder
fein schwärzlich gerandet; Schnabel grauweiß mit schwärzlicher
Spitze, Wachshaut bleiblau; Auge orangeroth, nackte Haut
reinblau; Füße blaugrau, Krallen schwarz. Krähengröße (die
Maße vermag ich nicht anzugeben, doch werden dieselben mit
denen der gemeinen Amazone wol genau übereinstimmen).

Von Hagenbeck's rothschwänzigen Amazonen gelangte eine in den Besitz des Herrn Direktor Westerman in Amsterdam, die zweite in den zoologischen Garten von London und die dritte als Balg in die Sammlung des Herrn Dr. Sclater. 1893 brachte Fräulein Hagenbeck diese Art zum zweiten Mal in den Handel. Die Heimat ist mit Sicherheit noch nicht ermittelt; dagegen kann ich hinsichtlich der Begabung dieser Art die Annahme aussprechen, daß sie in derselben, wie im ganzen Wesen von den nächsten Verwandten nicht verschieden sein und als Sprecher etwa zu den mittelmäßigen gehören wird. — Im Jahre 1891 hat Graf H. von Berlepsch in einem Briefe an Professor Dr. Reichenow darauf hingewiesen, daß diese Art, wie der Letztre bereits vermuthet hatte, mit der vorigen aller Wahrscheinlichkeit nach zusammenfällt.

Die weinrothe Amazone
(Psittacus [Androglossa] vináceus, *Pr. Wd.*).

Taubenhals=Amazone, rothschnäbeliger Kurzflügelpapagei. — Vinaceous Amazon Parrot. — Perroquet Amazone à couleur de vin; Amazone à bec couleur de sang. — Roodbek Amazone Papegaai.

Obwol bereits Brisson (1760) bekannt, ist diese Art doch erst von Prinz Max von Neuwied (1820) genau beschrieben. Sie erscheint in ihrer Färbung recht schön, und zwar: Stirnrand und Zügelstreif sind blutroth; Stirn dunkelgrün; Wangen gelblicholivengrün; Kopf und Oberrücken dunkelgrasgrün, jede Feder schmal schwärzlich gerandet; Hinterhals lilablau, jede Feder schwärzlich gesäumt; Spiegelfleck im Flügel scharlachroth (Schwingen zweiter Ordnung breit roth über Außen= und Innenfahne), Handrand roth; äußere Schwanzfedern über beide Fahnen scharlachroth; ganze übrige Oberseite dunkelgrasgrün; Wangen hellgrün; Kehle mit scharlachrothem Fleck (der zuweilen fehlt); Brust und Bauch dunkelweinroth (zuweilen bis über den Hinterleib); Schenkel und untere Schwanzdecken gelbgrün; Schnabel hell= bis kräftig blutroth, Spitze grauweiß, Unterschnabel röthlich= grau, Wachshaut grünlich= oder bräunlichgrau; Augen braun= bis orangeroth, nackter Augenring grünlich oder bräunlich= grau; Füße bläulichweiß, Krallen horngrau. Etwa Krähen= größe (Länge 34 cm; Flügel 19,$_2$—21,$_3$ cm; Schwanz 10,$_9$ bis 11 cm). Heimat: Ost= und Südbrasilien nebst Paraguay.

Herr Petermann, der sie in der Heimat be= obachtet, traf sie in den hohen, üppigen Urwäldern der Küsten von St. Katharina mehrmals in großen, lärmenden Schwärmen, auch hat er sie vielfach im Käfig gehalten. In der Erregung sträubt sie die Nacken= federn und, so schreibt Herr Petermann, ihre orangerothen Augen verrathen unbändigen Trotz, doch ist sie nicht bösartig, sondern sanft, und selbst alte flügellahm geschossene wurden bald zahm. In der Gefangenschaft zeigt sie sich überaus ruhig, aber klug und gelehrig, doch lernt sie nur verhältniß= mäßig wenig und auch nicht besonders deutlich sprechen; sie dürfte in dieser Beziehung nur zu den Sprechern zweiten Ranges gehören. Sie gelangt nicht häufig in den Handel und steht ziemlich hoch im Preise: 40 bis 75 M. für den frisch eingeführten Vogel.

Die scharlachstirnige Amazone

(Psittacus coccinifrons, *Snc.*; Androglossa viridigenalis, *Cass.*).

Grünwangen-Amazone, grünwangiger Kurzflügelpapagei. — Green-cheeked Amazon Parrot. — Perroquet Amazone à front d'écarlate, Perroquet Amazone à joues vertes. — Groenwang Amazone Papegaai.

Sie wurde von Lesson (1844) erwähnt und von Cassin (1853) zuerst beschrieben. Sie ist an Stirn, Zügeln und Vorderkopf (zuweilen auch Ober- und Hinterkopf) scharlachroth, Wangen smaragdgrün, Streif oberhalb der Augen um Schläfe und Ohr blau; Spiegelfleck im Flügel scharlachroth (Schwingen zweiter Ordnung an der Außenfahne roth); Flügelrand und -Decken grün; äußerste Schwanzfedern nur an der Innenfahne schwach röthlich; ganze übrige Oberseite dunkelgrasgrün, jede Feder schwarz gesäumt; Unterseite gelbgrün mit schmalen und verwaschenen dunkelen Federnsäumen; Schnabel weißgelblichgrau, Oberschnabel jederseits mit gelblichem Fleck, Wachshaut grauweiß; Augen blaßstrohgelb bis röthlichgelb, nackte Haut grauweiß; Füße gelblichhorngrau, zuweilen blaugrau, Krallen schwärzlich. Besondere Kennzeichen: einfarbig grüne Unterseite, ohne schwarze Endsäume der Federn, und am Grunde grüne Schwingen erster Ordnung. Etwa Krähengröße (Länge 35,5—36 cm; Flügel 20 bis 21 cm; Schwanz 10,5—11 cm). Heimat: Neu-Granada und Ekuador. Im Jahr 1863 gelangte sie in den zoologischen Garten von London, wurde i. J. 1878 von Fräulein Hagenbeck in zwei Köpfen eingeführt, wie sich auch ein solcher in der Sammlung des Herrn Karl Hagenbeck befand; seitdem ist sie hin und wieder, jedoch nur selten, einzeln angeboten worden; trotzdem steht sie aber nicht zu hoch im Preise, denn man kauft den frisch eingeführten Vogel für 25, 30, 36 M. und sprechende für 50 bis 100 M. Ueber ihre Sprachbegabung ist nichts besondres bekannt.

Finsch' Amazone
(Psittacus [Androglossa] Finschi, *Scl.*).

Blaukappen=Amazone, Finsch' Kurzflügelpapagei. — Finsch' Amazon Parrot. — Perroquet Amazone de Finsch. — Finsch' Amazone Papegaai.

Diese Amazone wurde bis vor kurzem mit der vorigen verwechselt, dann aber von Dr. Sclater beschrieben und nach dem hochverdienten Papageienkundigen benannt. Sie erscheint in folgender Weise gefärbt: Stirnrand (zuweilen fast bis zur Kopfmitte) und Zügel dunkelblutroth, am Oberkopf jede dunkelgrasgrüne Feder mit lilablauem Endsaum; am Nacken jede Feder mit breitem schwarzen Endsaum, am Mantel undeutlicher; Wangen und Ohrgegend grasgrün; Spiegelfleck im Flügel scharlachroth (Schwingen zweiter Ordnung an der Außenfahne roth), Eckflügel und Flügelrand grün; Schwanzfedern ohne Roth; ganze übrige Oberseite dunkelgrasgrün; ganze Unterseite kaum heller grün, jede Feder deutlich schwarz gesäumt; Schnabel gelblich=horngrau, Oberschnabel mit dunkelgelbem Fleck, Wachshaut grauweiß; Augen röthlichgelb, nackte Haut blaugrau; Füße und Krallen blaugrau. Besondere Kennzeichen: Ober= und Hinterkopf blau; Grundhälfte der ersten Schwingen schwarz; Unterseite mit deutlichen schwarzen Federnsäumen. Etwas unter Krähengröße (Länge 32,5—34 cm; Flügel 20,4—23,4 cm; Schwanz 10—10,7 cm). Heimat: Mexiko. Jetzt kommt sie hin und wieder einzeln in den Handel und auf die Ausstellungen. Preis 30, 50 bis 75 Mk.

Die gelbwangige Amazone
(Psittacus [Androglossa] autumnalis, *L.*).

Gelbwangen=Amazone, Herbst=Amazone, gelbwangiger Kurzflügelpapagei. — Yellow-cheeked Amazon Parrot. — Perroquet Amazone à joues jaunes ou à jaunes oranges. — Geelwang Amazone Papegaai.

Die Herbstamazone, wie sie in der Liebhaberei gewöhnlich heißt, wurde, obwol schon lange bekannt, nämlich von Edwards (1750) abgebildet und beschrieben und von Linné benannt, doch bis zur neuesten Zeit von den Vogelkundigen gleicherweise wie von den Händlern fast immer mit der Diademamazone verwechselt oder zusammengeworfen, und dies geschieht nicht selten noch gegenwärtig. Sie ist an Stirnrand und Zügeln scharlachroth, Oberkopf grün, jede Feder mit lilablauem Endsaum (zuweilen kräftig blau scheinend); Wangen grasgrün; Wangen= oder Bartfleck hoch= bis rothgelb; Nackenfedern grasgrün, fein schwärzlich gesäumt; Spiegelfleck im Flügel scharlachroth (Schwingen zweiter Ordnung an der Außenfahne roth), Flügelbug grün; nur die äußersten Schwanzfedern mit verwaschen rothem Fleck; ganze übrige Oberseite grasgrün; Unterseite gelbgrün (zuweilen mit schwärzlichen Federnrändern); Schnabel horngrau, Spitze und Unterschnabel schwarz, Wachshaut fleischfarbenweiß; Auge roth mit feinem gelben Irisrand, nackter Augenkreis weißlich; Füße weißlich=grau, Krallen schwärzlich. Etwa Krähengröße (Länge 36,5 cm; Flügel 18—20,2 cm; Schwanz 10—10,7 cm). An den besonderen Kennzeichen: rother Stirn und rothen Zügeln, mehr oder minder lebhaft blauem Oberkopf und hochgelbem Wangen= oder Bartfleck ist er von den Verwandten, vornehmlich der Diadem=Amazone, zu unterscheiden; zuweilen ist die Kehle roth gefleckt. Heimat: Südmexiko und Mittelamerika. Die gelbwangige Amazone gelangte i. J. 1869 zuerst in den zoologischen Garten von London und kommt etwa seit 1878 auf den Ausstellungen und in den Vogelhandlungen bei uns hin und wieder vor. Die fünf Köpfe, welche die „Ornis"=Ausstellung i. J. 1879 von Herrn Karl und Fräulein Chr. Hagenbeck auf= zuweisen hatte, ließen mit voller Entschiedenheit die Unterscheidungszeichen der beiden nahverwandten Arten erkennen. Gegenwärtig ist eine gelbwangige Amazone im Berliner zoologischen Garten. Hin= sichtlich der Begabung und Abrichtungsfähigkeit darf man diese beiden Amazonen nur als Sprecher zweiten Rangs ansehen; sie stehen daher, obwol sie selten sind, doch nicht hoch im Preise: 30 bis 50 Mk. für den frisch eingeführten Vogel.

Die Diadem-Amazone
(Psittacus [Androglossa] diadematus, *Spx.*).
Amazone mit lilafarbnem Scheitel, lilascheiteliger Kurzflügelpapagei. — Diademed Amazon Parrot. — Perroquet Amazone à diadème, Perroquet Amazone couronné. — Kroonen Amazone Papegaai.

Schmaler Stirnrand und Zügel dunkelscharlachroth; Ober= kopf und Nacken grün, jede Feder mit breitem blaßlilablauen Endsaum, Hinterkopf gelblich; Zügel, Wangen und Kopfseiten smaragdgrün; Spiegelfleck im Flügel scharlachroth (Schwingen zweiter Ordnung an der Außenfahne roth), Flügelrand und =Decken grün; äußerste Schwanzfedern an der Außenfahne hochroth; ganze Oberseite grasgrün, ohne dunkele Federnsäume; Unterseite heller grasgrün, gleichfalls ohne dunkele Federn= säume; Schnabel gelb, Oberschnabel längs des Rands und der Spitze schwärzlich, Wachshaut weißgrau; Augen dunkelgrün bis schwarz mit großem, nacktem, weißgrauem Kreis; Füße

Die Diadem-Amazone (Psittacus diadematus, *Spix*).
Heck's Amazone (Psittacus Hecki, *Reichen.*).
¼ natürlicher Größe.

und Krallen schwärzlichgrau. Etwa Krähengröße (Länge 36,5 cm; Flügel 18—20,2 cm; Schwanz 10—10,7 cm). Besondere Kennzeichen: dunkelscharlachrother Stirnstreif und Zügel; lilablauer Oberkopf; Wangen und Kopfseiten smaragdgrün, nur mit einem gelben Fleck unterm Auge. Heimat: nördliches Südamerika und Gebiet des Amazonenstroms. Diese Art wurde von Spix (1825) beschrieben und auch abgebildet. In der Sammlung des Kaisers von Oesterreich in Schönbrunn befand sich schon i. J. 1845 eine Diadem-Amazone, in den zoologischen Garten von London gelangte sie i. J. 1871; auf den Berliner Ausstellungen ist sie seit dem Jahre 1876 immer in einzelnen Köpfen aufgetaucht. In allen Eigenthümlichkeiten ist sie mit den vorigen übereinstimmend. Ihr Preis beträgt 30, 45 bis 60 M.

Heck's Amazone
(Psittacus [Androglossa] Hecki, *Reich.*).

Zu Ehren des gegenwärtigen Direktors vom zoologischen Garten von Berlin, Herrn Dr. L. Heck, wurde eine von Professor Dr. A. Reichenow i. J. 1891 neu beschriebne Art benannt: Stirnrand scharlachroth; die grünen Federn am Oberkopf mit blaß rosarothen Säumen, an Hinterkopf und Nacken mit blaßblauen Säumen, am Hinterhals mit breitblauen Säumen; Wangen und Kopfseiten smaragdgrün; Gegend des Oberkiefers und Unterkiefers nebst Oberkehle dunkelroth; Halsseiten gelblichgrün; Rücken und ganze übrige Oberseite grasgrün, ohne dunkle Federnsäume; Flügelrand grünlichgelb; Schwingen zweiter Ordnung an der

Außenfahne roth, erste Schwingen mit schwarzem Endbrittel; äußerste Schwanzfedern an der Außenfahne roth; alle Schwanz=
federn oberseits gelblichgrün, unterseits heller grünlichgelb; Unterkörper neben der blutrothen Kehle und den rothgefärbten Halsseiten grünlichgelb; Oberbrust und ganze übrige Unterseite gelblichgrün, ohne jede Zeichnung; Oberschnabel wachsgelb mit schwärzlicher Spitze und Schneidenrändern, Unterseite schwärzlich=
horngrau; Augen röthlichbraun mit weißlichgrauer Wachshaut; Füße weißlichhorngrau mit schwärzlichen Krallen. Als Heimat wird Kolumbien angegeben. Der Vogel befindet sich bis zum heutigen Tage (Anfang April 1896) munter und frisch im Berliner zoologischen Garten.

Dufresne's Amazone
(Psittacus [Androglossa] Dufresnei *Sws.*).

Granada=Amazone, Goldmasken=Amazone, Dufresne's Kurzflügelpapagei. —
Dufresne's Amazon Parrot. — Perroquet Amazone de Dufresne. —
Dufresne's Amazone Papegaai.

Gelber Zügel, blaue Wangen und rother Vorderkopf sind die besonderen Kennzeichen dieser Art. Sie ist gras=
grün, an Hinterkopf und Nacken jede Feder mit schmalem, schwärzlichem Endsaum; Vorderkopf scharlachroth, Zügel hoch=
gelb, Wangen und Oberkehle himmelblau; an Rücken und Mantel jede grüne Feder schwärzlich gesäumt; Spiegelfleck im Flügel zinnoberroth (die ersten drei Schwingen zweiter Ord=
nung an der Außenfahne roth); Flügelrand und =Decken grün; die fünf äußersten Schwanzfedern mit großem blutrothen Fleck; ganze Unterseite heller grün, ohne dunkele Federnränder; Schnabel hell= bis korallroth, Wachshaut röthlichweiß; Augen orangeroth, nackte Haut weiß; Füße gelblichgrau, Krallen horngrau. (Zuweilen ist der ganze Vorderkopf scharlachroth, nebst Zügelstreif auch Schnabelgrund und Oberkehle gelb, nebst Wangen auch die Kehle blau.) Etwa Krähengröße (Länge

36,₅ cm; Flügel 18—20 cm; Schwanz 10—10,₇ cm).
Heimat: vom mittlern und nördlichen Brasilien bis Guiana und Neugranada.

In der Sammlung des Kaisers von Oesterreich in Schönbrunn befand sich eine Dufresne's Amazone bereits i. J. 1830; zu uns ist dieselbe in neuerer Zeit hin und wieder in den Handel gebracht, doch gehört sie immerhin zu den seltenen Arten. Inbetreff ihrer Begabung sind die Meinungen schon bei den Reisenden verschieden, denn während der Prinz von Wied behauptet, daß sie sehr gelehrig sei und leicht sprechen lerne, verneint dies Schomburgk. Herr Petermann sagt: er habe diesen besonders prächtigen Papagei in Brasilien vielfach und noch in der Provinz Santa Katharina als Brutvogel beobachtet. Sein Ruf sei wohlklingend und erschalle wie „noat". An demselben könne man ihn sogleich von allen Verwandten unterscheiden. Die Brut enthalte bis zu drei Jungen. Nach der Nistzeit schweifen sie familienweise umher, sammeln sich aber niemals zu großen Scharen an. Seiner hervorragenden Sprachbegabung wegen sei er hochgeschätzt und werde schon dort mit 100 Milreis bezahlt. Preis bei uns 36 bis 60 M. für den noch fast rohen Vogel.

Die blauwangige Amazone (Psittacus coeligenus, *Lwrnc.*; Androglossa caeruligena, *Lawr.*) — Blauwangen-Amazone — Blue-cheeked Amazon Parrot — Perroquet Amazone à joues bleues — Blauwwang Amazone Papegaai —, erst i. J. 1880 von George N. Lawrence beschrieben, ist an Stirn und Kopfseiten matt gelblichorange, Wangen hell himmelblau, am Oberkopf grünlichhellgelb, Hinterkopf und Nacken schwärzlich dunkelgrün; Rücken und obere Schwanzdecken dunkelgrün; Spiegelfleck

im Flügel orangeroth (Schwingen zweiter Ordnung mit orange=
rothem Fleck und tiefblauer Spitze), Flügelrand blaßgelb; die
äußeren Schwanzfedern am Ende blaßgelb; ganze übrige
Oberseite dunkelgrün; Kehle bläulichhellgrün; Brust und Unter=
leib gelblichgrün, jede Feder schmal schwärzlich gerandet; Ober=
schnabel hellhorngrau, jederseits mit röthlichem Fleck, Unter=
schnabel dunkelhorngrau; Auge?; Füße schwärzlichgrau. Etwa
Krähengröße (Länge 34 cm; Flügel 22,$_8$ cm; Schwanz
13 cm). Von Gestalt gedrungen mit kräftigem Schnabel und
gleichen Füßen. Heimat: Guiana. Beschreibung von Dr. Finsch
nach einem Vogel, welcher im Winter 1875/76 erlegt worden;
ein zweiter gelangte lebend in den zoologischen Garten von
London; einen dritten führte im Sommer 1886 H. Fockel=
mann in Hamburg ein.

Einkauf, Verpflegung und Abrichtung.

Beim Einkauf einer Amazone ist es, ebenso wie
bei dem eines jeden andern derartigen Vogels, noth=
wendig, auf bestimmte Gesundheitskennzeichen
zu achten: Der Papagei muß seine natürliche Leb=
haftigkeit und ein glatt und schmuck anliegendes,
besonders am Unterleib nicht beschmutztes Gefieder,
klare und lebhafte, nicht trübe oder matte Augen,
nicht schmutzige, nasse oder verklebte Nasenlöcher
und keinen scharf und spitz hervortretenden Brust=
knochen haben; er darf nicht traurig sein, be=
wegungslos und mit struppigem oder aufgeblähtem
Gefieder dasitzen, in der Ruhe nicht kurzathmig
erscheinen oder beim Athemholen gar den Schnabel

aufsperren und namentlich nicht zeitweise einen schmatzenden Ton hören lassen; der Unterleib darf weder stark eingefallen, noch aufgetrieben, am wenigsten aber entzündlich roth aussehen. Viele Amazonen zeigen nach der Einführung mehr oder minder stark beschnittene Flügel. Dies ist ein großer Uebelstand, gegen den wir aber vergeblich ankämpfen, weil nämlich das Flügelverschneiden geschieht, um das Entkommen der Vögel theils schon in der Heimat, theils auf den Schiffen zu verhindern. Bei den großen Sprechern erscheint dies umsomehr bedauernswerth, da es oft jahrelang währt, bis die Stümpfe durch neue Federn ersetzt werden, und da jeder sehr entfederte Papagei vorzugsweise sorgfältiger und vor allem kenntnißreicher Verpflegung bedarf. Nur dann, wenn ein solcher vollkräftig und wohlbeleibt sich zeigt, mag man ihn ohne Besorgniß kaufen.

Zum befriedigenden Einkauf gibt es verschiedene Wege, doch muß man, gleichviel welchen man einschlagen will, stets aufmerksam und mindestens mit einigen Kenntnissen zuwerke gehen, denn der Handel mit lebenden Thieren hat immer seine Schattenseiten, die nur zu leicht Täuschung, Verdruß und Verleidung der ganzen Liebhaberei bringen können.

Wer noch jeder Erfahrung ermangelt, dürfte am besten daran thun, einen bereits eingewöhnten und wenigstens zum Theil abgerichteten Papagei zu kaufen. In diesem Fall kommt freilich der Preis bedeutungsvoll inbetracht und nur, wenn man die Ausgabe von wenigstens 45 Mark nicht zu scheuen braucht, ist es rathsam, einen schon etwas sprechenden Amazonenpapagei anzuschaffen; denn man erspart sich ja nicht allein die Mühe der Selbstabrichtung und das Wagniß, daß man einen ganz untauglichen oder doch stümperhaften Vogel bekomme, sondern man hat auch nicht zu befürchten, daß der Papagei bei der Eingewöhnung und Abrichtung zugrunde gehe. Nicht vernachlässigen wolle man bei solchem Einkauf, daß man die volle Gewähr dafür haben muß, einen entschieden ehrenhaften Verkäufer vor sich zu sehen; andernfalls wird man immer in die Gefahr gerathen, arg übervortheilt zu werden. Der Werth eines solchen Sprechers beruht ja eigentlich durchaus auf Einbildung; oft hört man die Bemerkung, daß ein sprechender Papagei geradezu unbezahlbar sei, denn der Besitzer oder die Besitzerin will ihn eben um keinen Preis fortgeben. Und inanbetracht dessen, daß gut und sachgemäß verpflegte Papageien in der Regel überaus ausdauernd sich zeigen und sehr alt werden, und daß also bei dem eingewöhnten Vogel nicht leicht die Gefahr eines Verlusts vorhanden sein kann, ferner, daß ein guter Sprecher zu angemessnem Preise jederzeit wieder unschwer zu verwerthen ist, darf ich vom Ankauf eines solchen nicht abrathen. Dabei ist folgendes zu berücksichtigen. Zunächst lasse man sich vom Verkäufer möglichst genaue Angaben darüber machen, was der Vogel leisten kann; man verlange solche in gewissenhafter Weise und bedinge ausdrücklich, daß dieselben lieber zu wenig als zu viel besagen. Noch nothwendiger ist es, daß der Verkäufer eingehende **Auskunft über die bisherige Verpflegung, bzl. Fütterung und Haltung ertheile.**

Vortheilhafter ist es unter Umständen allerdings, wenn man einen ganz rohen oder doch erst wenig abgerichteten Papagei kauft, um den Unterricht, bzl. die weitre Fortbildung selbst zu übernehmen. Der billige Preis macht dann ja auch das Wagniß, daß man einen kranken Vogel erhalten könne, der trotz sorgsamster Pflege vielleicht eingeht, oder daß er ein störrischer, kaum oder garnicht gelehriger alter Schreier sei, nicht zu schwer. Wer die Gelegenheit dazu findet und in der Kenntniß dieser Vögel schon einigermaßen bewandert ist, thut am besten daran, sich beim Händler die Amazone selber auszusuchen. Andernfalls muß man sich auf die Redlichkeit des Verkäufers verlassen.

Zur Behandlung, Verpflegung und Abrichtung eines solchen rohen Vogels bedarf es, wie bereits gesagt, reicher Erfahrungen, bei deren Mangel man sich nur zu leicht Verdrießlichkeiten und Verlusten aussetzt. Vor allem ist auch hier

Kenntniß der bisherigen Verpflegung nothwendig. Wenn die meistens noch sehr jugendlichen Papageien soeben all' die Beschwerden und Gefahren der Reise durchgemacht haben, nun einen harten Kampf ums Dasein in der Gewöhnung an das rauhe Klima, die veränderte Ernährung und ganz andre, sie gar sehr beängstigende Behandlung durchmachen müssen, wenn sie dabei weder vor Zugluft, noch plötzlichen Wärmeschwankungen und anderen schädlichen Einflüssen genügend geschützt werden und sich dennoch erhalten, so liegt darin wol der Beweis dafür, daß sie eine außerordentliche, staunenswerth zähe Lebenskraft haben. Erklärlicherweise geht dabei manch' einer zugrunde, und um dies zu vermeiden, beachte man vornehmlich die Regel, daß jeder Vogel, wie jedes Thier überhaupt, bei allmählichem Uebergang sich von einem Nahrungsmittel zum andern unschwer und gefahrlos überführen läßt, während ihm jeder plötzliche Wechsel fast immer Verderben bringt. Man verpflege ihn also in der ersten Zeit genau nach den Angaben des Verkäufers und gewöhne ihn dann, je nach seinem Befinden, vielleicht erst nach Wochen, an die zuträglicheren Futtermittel, die ich weiterhin angeben werde, und zwar, indem man nach und nach die Gabe des bisherigen Futters verringert und von dem neuen mehr hinzugibt. Im Nothfall muß man die Annahme des letztern durch Hunger zu erreichen suchen. Vortreffliche

Dienste leistet bei solchem Wechsel das Beispiel eines bereits längst eingewöhnten Genossen, den man neben den angekommenen bringt. —

Bei jedem Handel mit lebenden Thieren lassen sich einerseits Selbsttäuschungen nur schwer vermeiden und kommen andrerseits mehr als sonstwo Unredlichkeiten vor. Es ist eine trübselige, jedoch leider unumstößliche Thatsache, daß hier nur zu oft Einer den Andern zu übervortheilen sucht, und daß man wirkliche oder vermeintliche, unabsichtliche oder geplante Unredlichkeiten hier manchmal selbst bei sonst durchaus achtungswerthen Leuten vor sich sieht. Wer einen liebgewordenen Papagei besitzt, ein talentvolles Thier vielleicht nach vielen Fehlschlägen endlich erlangt hat, täuscht sich leicht selber, und wenn solch' Vogel ein oder einige Worte wirklich inne hat, so hält man ihn wol bereits für einen ausgezeichneten Sprecher und gibt ihn auch in voller Ueberzeugung dafür aus. Nun treten möglicherweise Verhältnisse ein, die den Verkauf nothwendig oder doch wünschenswerth machen — und dann wird in harmloser Weise beiweitem mehr gesagt, bzl. versprochen, als die Thatsächlichkeit ergibt. Im Gegensatz dazu wiegt sich ebenso jeder Käufer in übertriebenen Erwartungen; er will einen vorzüglichen Sprecher erlangen, dagegen einen möglichst geringen Preis zahlen. So sind gegenseitige Täuschungen und damit Zank und Streit unaus=

bleiblich. Unleugbar aber haben wir hier auch recht viele Menschen vor uns, welche in unverantwortlicher Weise auf die Einfalt und Leichtgläubigkeit Anderer bauen und den sprechenden Papagei weit über sein Können und seinen Werth hinaus anpreisen und verkaufen; ja, schließlich kommen Fälle von harsträubendem Betrug vor, indem noch ganz rohe oder alte, unbegabte Papageien als vorzügliche Sprecher verkauft werden.

Ein weitrer großer Uebelstand, den man unter Umständen geradezu als Unfug bezeichnen kann, tritt uns in den sogenannten ‚akklimatisirten' Vögeln entgegen. Als solche werden vielfach Papageien ausgeboten, von denen die unerfahrenen Käufer glauben sollen und auch wirklich vielfach sich überzeugt halten, daß sie die beste Gewähr guter Beschaffenheit in jeder Hinsicht bieten. Nun ist aber der Begriff ‚akklimatisirt' weit ausdehnbar oder er wird doch nur zu sehr erweitert. Streng genommen kann man als einen akklimatisirten Vogel nur einen solchen ansehen, der nach allen Gesundheitszeichen hin tadellos erscheint, sowie vor allem hinsichtlich der Fütterung und Verpflegung vollkommen eingewöhnt ist. Die Verkäufer aber, insbesondere die Händler, bezeichnen bisweilen im Gegensatz dazu jeden Papagei schon als akklimatisirt, der sich nur einigermaßen an das veränderte Klima und die neue Fütterung gewöhnt und einige Monate oder wol gar nur einige Wochen erhalten hat, gleichviel wie sein Aeußeres beschaffen sei. Jeder geringste Zufall, insbesondere die Beschwerden einer weiten Versendung, zumal bei ungünstiger Witterung, können dann aber Erkrankung und Tod herbeiführen — und die Gewähr oder ‚Garantie' solcher ‚Akklimatisirung' ist also nichts andres als eine lere Redensart.

Der nächste Punkt, welcher gleichfalls zu Streitigkeiten und noch dazu unnöthigerweise führt, liegt in der mangelnden Kenntniß und Geduld seitens des Käufers begründet. Selbst bei einem vorzüglichen, hoch begabten und gut abgerichteten Papagei muß man darauf gefaßt sein, daß er in den ersten Tagen, manchmal selbst Wochen, nichts hören läßt. Man wolle bedenken, daß jeder derartige Vogel nur dann spricht, bzl. seine Kenntnisse zur Geltung bringt, wenn er sich einerseits körperlich durchaus wohl und andrerseits sicher und behaglich fühlt. Darin liegt ja eben ein Beweis für die hohe Begabung eines solchen Vogels, daß er mit scharfer Beobachtung die Verhältnisse ermißt, sich nur allmählich in die neue Lage findet und dann erst in derselben wohlfühlt.

Die Versendung im Großhandel geschieht in Holzkisten, welche nur an der vordern Seite vergittert sind, während diese in der Regel zugleich abgeschrägt ist, sobaß man sehen kann, wohin das Futter gestreut wird. Die Thür befindet sich entweder vorn am Gitter oder in der Hinterwand und ist ge=

wöhnlich nur so groß, daß man den Vogel gerade hindurch bekommt. Futtergefäße sind in der Regel nicht vorhanden, sondern das Futter wird einfach auf den Boden geworfen. Wasser bekommen die großen Papageien ja meistens leider garnicht oder es wird ihnen täglich in irdenen Töpfen hineingereicht. Die meisten Käfige sind auch nicht einmal mit einer Vorrichtung zum Reinigen ausgestattet, und so bleiben denn Schmutz, Hülsen und andere Abgänge, sowie die Entleerungen faulend auf dem Boden liegen und verpesten die Luft.

Am übelsten sind die Käfige, in denen angeblich biedere „Seeleute" nach Berlin und anderen großen Städten noch rohe Papageien (meistens allerdings nur Graupapageien und dann fast sämmtlich Todeskandidaten) bringen, um sie zu billigen Preisen, bis zu 10 Mk. für den Kopf hinab, zu verschachern. Nur ein länglich=viereckiger Kasten, eine Kiste, die zur Verschickung irgendwelcher Waren gedient hat, enthält „in drangvoll=fürchterlicher Enge" beiweitem zu viele der bedauernswerthen Vögel, die zunächst in der Hitze und schlechten Luft des geschloßnen Raums und noch dazu ohne Trinkwasser arg leiden und die den gekochten Mais u. a. so verzehren müssen, wie er ihnen naß oder doch recht feucht auf den Boden geworfen wird, wo sie ihn in dem fast eine halbe Hand hoch aufgehäuften Schmutz und Unrath leider nur zu bald zertrampeln, um ihn dann im Hunger sammt dem ekelhaften Schmutz hinunterzufressen.

Zum Versandt im Binnenlande, sei es seitens der Händler an die Liebhaber oder der letzteren an einander, sind Käfige im allgemeinen Gebrauch, die für diesen Zweck recht praktisch, aber sehr roh erscheinen.

Ein solcher besteht in einem einfachen langgestreckten Holzkasten, dessen Vorderseite an der obern Hälfte vergittert und für die großen, sowie für alle stark nagenden Papageien überhaupt in der Regel mit dünnem Blech innen ausgeschlagen ist; die Oberseite schrägt sich der Gestalt des Vogels entsprechend, nach hinten zu ab, sodaß die Hinterwand nur etwa zwei Drittel von der Höhe der Vorderwand beträgt. Entweder die Oberwand oder die Hinterwand bilden einen einschiebbaren Deckel, bzl. die Thür, durch welche der

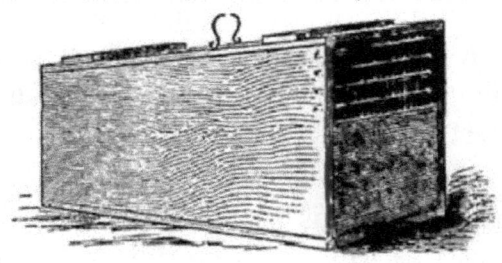

Vogel hineingebracht und herausgenommen wird. Vorn unterhalb des Gitters haben diese Kasten einen durch Holzleiste oder Brettchen vom Boden abgetheilten Raum für das Futter und etwas weiter hinten eine unmittelbar über dem Boden befindliche dicke Sitzstange; meistens enthalten sie kein Wassergefäß und oft genug fehlt auch die Futter- und Sitzvorrichtung. Man nimmt allerdings mit Recht an, daß ein Papagei auf kürzeren Reisen von 1 selbst bis 3 Tagen dursten darf, ohne Schaden zu leiden, während im Gegensatz dazu ein Wassergefäß ihm verderblich werden kann, denn bei kühler, unfreundlicher Witterung zieht das beim Fahren überspritzende Wasser ihm leicht Erkältung, bzl. andere Erkrankungen, zu. Man sucht dies vielfach durch einen Schwamm zu verhindern, allein derselbe wird von dem Papagei in der Regel herausgezupft und näßt ihn dann erstrecht oder wird von ihm zerpflückt und zum Theil gefressen und bringt ihm im letztern Fall noch üblere Erkrankung. Englische Händler füllen das Trinkgefäß mit in Wasser erweichtem Weißbrot an, doch dieses säuert leicht und verursacht Durchfall und andere Krankheiten. Die hier und da gebrauchten pneumatischen Trinkgefäße dürften, wenn sie ganz von Metall, Zink oder verzinntem Eisenblech sind, für Papageien bei weiter Versendung empfehlenswerth sein; der Käfig muß dann aber eine bedeutendere Größe als die gebräuchlichen haben, damit sich solch' Gefäß darin unterbringen lasse, ohne den Vogel zu sehr zu beengen; je weiter die Reise, desto mehr Raum ist überhaupt nothwendig. Bei kurzen Entfernungen ist es am besten, wenn das Wasser, wie erwähnt, ganz fortbleibt. Zur Versendung in kalter Jahreszeit werden von den Käfigfabriken besondere Winter-Versandtbauer hergestellt, welche in einem Doppelkasten mit drahtvergittertem Fenster an dem Außenkasten bestehen, während der innere ein gewöhnlicher Versandtkasten ist.

Empfang und Eingewöhnung. Für jeden bestellten, bzl. erwarteten Papagei halte man den Wohnkäfig oder Ständer bereit, damit er nach der Ankunft nicht mehr lange im Versandtkasten zu bleiben braucht; kommt er gegen Abend an, so lasse man ihn dagegen die erste Nacht ruhig in demselben sitzen. Beim Ein- oder Aufbringen in den Käfig oder auf den Ständer vermeide man, wenn irgend möglich, die Anwendung von Gewalt, und geht es ohne solche nicht, so lasse man sie von einem Andern ausführen — eingedenk dessen, daß der Papagei dergleichen niemals oder doch für lange Zeit nicht vergißt und gegen den, der ihm derartige vermeintliche Unbill zugefügt hat, stets scheu und ängstlich oder mißtrauisch bleibt. In der Ankunft vieler, ja der meisten Papageien liegt vonvornherein eine arge Enttäuschung für den Empfänger, insbesondre wenn derselbe noch garkeine Kenntniß von dem Wesen eines solchen Vogels hat. Da kommt der sehnlichst erwartete Papagei mit der Post an — und jagt das ganze Haus in Entsetzen, denn er schreit bei jeder Annäherung und läßt sich nicht beruhigen, weder durch Sanftmut noch durch Strenge; er zeigt sich eben als ein wildes, ungeberdiges Vieh, welches keinerlei Besänftigungsmitteln zugänglich ist. Dadurch ließ sich schon mancher Liebhaber die Freude für immer verderben, und nur der Sachverständige weiß es zu ermessen, daß gerade ein solcher Vogel die Aussicht auf besten Erfolg gewährt.

Sobald man in den Empfang=, bzl. Wohnkäfig Futter und Wasser gebracht, stellt man vor seine geöffnete Thür, bzl. in ihn hinein den gleichfalls aufgemachten Versandtkasten, sodaß der Vogel von selber aus diesem heraus und in jenen hineingehen kann, und wartet geduldig, selbst wenn es, wie dies zuweilen vorkommt, ziemlich lange dauert. Ist der Papagei so scheu und zugleich störrisch, daß er durchaus nicht freiwillig den Kasten verläßt, so muß man ihn, wie schon gesagt, von einer fremden, natürlich jedoch zuverlässigen Person herausgreifen lassen. Der Betreffende muß sich, nachdem er auf beide Hände starke, am besten wildlederne Handschuhe gezogen, die rechte Hand mit einem derben Leinentuch umwickeln und dann dreist und rasch den Papagei hinterrücks über den Kopf und das Genick fassen, sodaß derselbe nicht beißen kann. Das Ergreifen muß mit Geschick und Vorsicht geschehen, damit das werthvolle Thier dabei keinenfalls beschädigt werde. Mit der linken Hand schiebt man ihn nun sofort in den Wohnkäfig hinein, verschließt dessen Thür und überläßt den Papagei für möglichst lange Zeit völlig ungestört sich selber.

Will man ihn anstatt im Käfige lieber auf einem Bügel oder Ständer halten, so dürfte es am rathsamsten sein, daß jeder unerfahrene Liebhaber schon bei der Bestellung den Händler bittet, dem Papagei Ring und Kette anzulegen. Muß man letzteres selber ausführen, so packt man den Vogel oder läßt ihn, wie vorhin angegeben, greifen, jedoch zugleich ihm den Schnabel zuhalten oder den Kopf mit einem losen Tuch verhüllen, dann zieht man am besten den linken Fuß vor und schraubt den bereits geöffneten Ring daran fest, während das andere Ende der Kette schon am Ständer befestigt sein muß. Beim Loslassen aber, sowie bei jeder Annäherung späterhin, sei man recht vorsichtig, damit der Papagei nicht in blinder Angst und Hast plötzlich fortspringe, sich hinabstürze und den Fuß breche oder ausrenke.

Nun kann es manchmal lange dauern, bis der

durch das Herausgreifen beim Händler, Einsetzen in den Kasten und die Versendung im engen Raum nur zu sehr geängstigte Papagei endlich soviel Ruhe zu gewinnen und Muth zu fassen vermag, daß er nicht mehr bei jeder Annäherung, namentlich aber beim Füttern und Reinigen des Käfigs, davonzukommen sucht und das ohrenzerreißende Geschrei ausstößt; bei manchem währt es wochenlang, ehe er allmählich sich beruhigt, verständig, zutraulich und dann auch bald gelehrig sich zeigt.

Hat man einen rohen Papagei vor sich, der noch ganz wild und unbändig ist, so sollte man ihn zunächst weder sogleich in den geräumigen Wohnkäfig, noch an die Kette auf den Ständer bringen. Im erstern Fall wird seine Eingewöhnung sehr verzögert und im andern kommt er nur zu leicht in die Gefahr, bei Erschrecken oder Beänstigung sich plötzlich hinabzustürzen und, wie oben gesagt, zu beschädigen. Man setzt ihn vielmehr zunächst in einen Empfangskäfig und beherbergt ihn in demselben, je nach dem Fortschreiten seiner Eingewöhnung, bzl. Zähmung, vier bis sechs Wochen. Dieser letzterwähnte Käfig muß ebenso wie der, welchen ich weiterhin als Wohnkäfig beschreiben werde, gestaltet und eingerichtet sein, nur mit dem Unterschied, daß er um die Hälfte oder doch um ein Drittel kleiner als jener ist.

Käfig und Ständer. Ein guter Papageikäfig soll folgenden Anforderungen durchaus genügen: 1. er muß ausreichenden Raum gewähren, sodaß der Vogel sich, wie ich weiterhin näher erörtern werde, die nothwendige Bewegung machen kann; 2. seine Gestalt ist am besten eine einfach viereckige, oben sanft gewölbte, ohne alle Ausbuchtungen, Schnörkeleien und dergleichen Verzierungen; 3. er sollte stets völlig aus Metall hergestellt sein.

Als die gebräuchlichste Form des Käfigs für den einzelnen Sprecher sieht man einen einfachen, viereckigen, auch oben nicht gewölbten, sondern flachen und nur an den Seiten zugerundeten Kasten aus starkem verzinnten Eisendraht, meistens noch mit hölzernem Sockel und über dem Fußboden in der Höhe des letztren mit einem Gitter, gleichfalls aus starkem Draht. Dieser Käfig hat aber mancherlei Mängel. Zunächst ist er in der Regel zu klein, sodann müssen die Futter- und Trinkgefäße gewöhnlich von innen angehakt werden, was bei einem bissigen Papagei recht mißlich ist, schließlich sind Drahtnetz und Sockel nebst Schublade nichts weniger als zweckmäßig. Der Verein „Ornis" in Berlin ließ zur Beherbergung der Papageien auf seinen Ausstellungen Bauer anfertigen, welche ich als Musterkäfige (s. umseitig stehende Abbild.) bezeichnen kann. Ein solcher bietet vollen Raum zur Bewegung, denn er hat 75 cm Höhe und je 43 cm Länge und Tiefe. Sein Obergestell ist aus 4 mm starkem, verzinnten Draht in 3 cm Weite, Sockel, Schublade und Unterboden sind aus verzinntem Eisenblech hergestellt; der letztre kann der bequemern Reinigung halber auch in einem Drahtgitter bestehen. Das erwähnte Drahtgitter oberhalb des Fußbodens ist völlig fortgelassen, zunächst weil sich der Vogel daran die Beine zerbrechen kann, sodann weil sich

der Schmutz darauf in häßlicher Weise festsetzt, hauptsächlich aber, weil jeder Papagei das Bedürfniß fühlt, sich hin und wieder auf dem Fußboden auszustrecken und in den Sand zu legen. Die Blechschublade muß leicht ein- und auszuschieben sein,

sodaß die Entlerungen täglich fortgekratzt werden
können, worauf der Boden wieder mit trocknem,
reinem Sand bestreut wird. Von außen muß sie
durch Klammern oder starke Häkchen befestigt werden,
damit sie der Papagei nicht aufschieben kann. Der
Sockel soll immer recht hoch, mindestens 7 cm breit
sein, weil sonst der Papagei durch Herausscharren
von Sand u. a. das Zimmer sehr verunreinigt.
Die Thür muß so weit sein, daß man den Vogel
bequem hineinbringen und herausnehmen kann, also
etwa 16—17 cm im Geviert. Meistens hat man
sie von oben herabfallend, doch auch seitwärts zu
öffnen; in jedem Fall muß sie durchaus sicher ver=
schließbar sein. Fast jeder große Papagei beschäftigt
sich angelegentlich damit, vornehmlich den Thürver=
schluß zu sprengen. Großer Sorgfalt bedarf die
Sitzstange. Damit sie nicht zernagt würde, hatte man sie
früher mit dünnem Eisenblech beschlagen, einerseits wurde sie
dann aber bald so glatt, daß der Papagei sich nur mit Mühe
darauf halten konnte, nachts herabfiel und von der fortwährenden
Anstrengung sehr litt, andrerseits bekam er Hühneraugen und
Geschwürchen in den Fußsohlen und endlich verursachte ihm
das Metall Erkältungen der Füße oder des Unterleibs.
In zweckmäßiger Weise wird jetzt an jeder Seite
des Käfigs unterhalb des Futter= und Trinkgefäßes
je ein eiserner Ring oder eine Hülse von starkem
Blech angebracht und darin die Stange festgeklemmt.
Man wählt am besten ein 3—3,$_{15}$ cm dickes, frisches
Aststück noch mit voller Rinde von nicht zu hartem

Holz (Obstbaum, Birke, Weide, Pappel u. a.) und sobald dasselbe zernagt ist, kann es unschwer durch ein neues ersetzt werden. Falls man eine entrindete Stange nimmt, darf dieselbe nicht zu glatt gehobelt, sondern sie muß etwas rauh sein. An den Futter- und Trinkgefäßen hat man neuerdings einen aufgelötheten gewölbten Mantel angebracht, welcher das Futter so umgibt, daß der Papagei die Sämereien u. drgl. nicht wie bei den offenen Gefäßen herausstreuen und verschleudern, bzl. das Wasser verspritzen kann (s. Abbildung). So werden sie eingeschoben, und hinter jedem befindet sich eine auf- und niedergehende Gitterthür, welche verhindert, daß der Vogel entkomme, wenn Futter und Wasser gewechselt werden. — Ein völlig entsprechender Käfig sollte auch immer eine kurze bequeme Sitzstange oberhalb des Bauers haben, zu welcher der zeitweise herausgelassene Papagei emporklettern, sich darauf setzen und bequem die Flügel schwingen und das Gefieder auslüften kann. Als Uebelstand ergibt sich freilich, daß er von hier aus das Käfiggitter verunreinigt; entweder muß das letztre dann stets sogleich wieder geputzt werden, oder man sollte auf dem Käfigdach, unterhalb des etwas erhöhten Sitzes, eine entsprechende Schublade mit Sand anbringen. — Die noch vielfach gebräuchliche Schaukel im Käfig halte ich nicht allein für überflüssig, sondern sogar für schädlich, weil sie den Papagei in der

Bequemlichkeit stört, namentlich aber ihm den zum Flügelschwenken nöthigen Raum beengt.

Neuerdings hat Herr Nablermeister P. Schindler in Berlin noch einen verbesserten „Ornis"=Käfig herge= stellt. Bei diesem besteht der Sockel aus starkem Zinkblech, 10 cm hoch, an der Vorderseite mit einer herabfallenden Klappe versehen, die durch einen Drahtriegel fest von außen verschließbar ist. Oberhalb des Sockels steht ein sanft gebogner Rand aus starkem Weißblech etwa drei Finger breit hervor, um zu verhindern, daß Futter oder irgendwelche Schmutzerei herausgeworfen werden kann. Die Schublade ist gleichfalls aus starkem Weißblech, leicht ein= und ausschiebbar. Sodann hat der Käfig eine praktische große Thür mit einem festen Ver= schluß von außen, ohne Oesen; zugleich ist sie fest und glatt eingezinnt, sodaß der Vogel sich nirgends einklemmen oder reißen kann. Futter= und Trinkgefäß, beide von starkem Porzellan, sind jederseits so eingerichtet, daß sie leicht von außen eingeschoben und herausgenommen werden können, während sie andrerseits so fest schließen, daß der Vogel sie nicht herabwerfen kann. Auch stehen sie nicht, wie sonst, beider= seits auf der Sitzstange, sondern sind vor derselben eingeschoben, sodaß der Papagei beim Fressen nicht auf den Rand des Futter= napfs, sondern bequem vor diesem auf der Stange sitzen und nicht leicht Futter verstreuen kann. Die Sitzstange besteht aus einem derben Stück Naturholz mit Rinde und ist in eine festzuschraubende Klammer gelegt, sodaß sie, wenn der Papagei das Holz zernagt hat, leicht herausgenommen und durch eine andre ersetzt werden kann. Oberhalb des Käfigdachs ist die oben erwähnte zweckentsprechende Sitzstange angebracht, auf der der Papagei täglich herausgelassen, die Flügel lüften und sich ausschwingen kann. Alles Gitter ist gut und fest ver= zinnt, sodaß rauhe Ecken nicht vorhanden sind und es zugleich dem Papageienschnabel Widerstand leistet. — Herr Nabler=

meister Manecke (Wahn's Nachfolger) in Berlin hat an seinen Papageikäfigen ebenfalls einen praktischen Thürverschluß, praktische Befestigung der Futternäpfe und sodann einen Schlafmantel, der an einem Drahtaufsatz, den man oben auf den Käfig setzt, befestigt und der zur Nachtzeit so um den Käfig zugezogen wird, daß der Vogel ihn nicht fassen und daran nagen kann. Die Messingplatte am Thürverschluß ist gut vernickelt, das Schloß ist von außen leicht zu öffnen, während der Vogel von innen es nicht aufzumachen vermag. —

Viele Liebhaber wünschen, daß der sprechende Vogel zugleich als ein Schmuck in der Häuslichkeit zur Geltung komme, und geben ihm einen möglichst prachtvollen Käfig. Daher sieht man die vielen unpraktischen runden, zylinder=, kegel= oder thurmförmigen Bauer von Messingblech oder =Draht. Abgesehen davon aber, daß sie dem Vogel nicht ausreichenden Raum und bequemen Aufenthalt gewähren, bergen sie auch Gefahren. Zunächst setzt dieses Metall bekanntlich, wenn es nicht stets trocken und blank gehalten wird, Grünspan an und sodann bedrohen die Putzmittel Gesundheit und Leben des Vogels. Der Käfig aus verzinntem, verzinktem oder sonstwie metallisch überzognem Eisendraht kann ja gleichfalls als ein Schmuck betrachtet und gewünschtenfalls angestrichen werden. Freilich muß es dann ein schnell und hart trocknender Lackanstrich sein, und der Vogel darf nicht eher in den Käfig gebracht werden, als bis die (natürlich giftfreie) Farbe vollkommen getrocknet ist. Die Käfigfabrik von A. Stüdemann in Berlin hat auch einen farblosen Lack im Gebrauch, mit welchem das blanke, trockne Messing überzogen wird und der so hart antrocknet, daß ihn der Papageien= schnabel nicht loszuknabbern vermag, während das Messing nicht Grünspan ansetzen kann. Läßt man den Käfig in Gestalt des „Ornis"=Bauers oder sonstwie zweckmäßig anfertigen, so darf man dann immerhin Messing wählen. Hat man dieses Metall aber ohne Lackanstrich und muß der Käfig geputzt werden, so ist der Papagei währenddessen jedesmal herauszunehmen und nicht eher wieder hineinzu= bringen, als bis das geputzte Gitter vermittelst eines weichen, leinenen Tuchs ganz rein und trocken gerieben ist; die meisten Putzmittel, so namentlich die sog. Zuckersäure (Oxalsäure), sind sehr giftig.

Die bisher vorhandenen Papageien=Ständer mit Ring oder Bügel sind leider fast sämmtlich ebenso unpraktisch und untauglich wie manche Käfige; auch sie können in der Regel nur als Luxusgegen= stand gelten. Man sieht sie in verschiedner Ein= richtung, und die schlimmsten von ihnen sind ganz, selbst mit Einschluß der Sitzstange, aus Metall oder von härtestem polirten Holz angefertigt. Inbetreff der Sitzstangen muß man auch hier das S. 80 bereits Gesagte beherzigen.

Der einfachste Papageienständer ist ein Gestell etwa von Mannshöhe, eine Säule aus hartem, polirtem Holz, oben mit einem Knauf und unten oberhalb des Fußes mit einer 66 cm langen und

50 cm breiten Vorrichtung, in welcher sich eine leicht ausziehbare Schublade mit voll Sand bestreutem Boden, wie im Käfig, befindet, an der zu beiden Seiten Futter- und Wassergefäß angebracht sind, während an der Säule hinauf treppenartig eingesteckte etwa 15 cm lange Kletterstangen bis zu der eigentlichen etwa 50 cm langen obersten Sitzstange führen, welche letztre nicht zu hoch, sondern noch unterhalb des menschlichen Auges durch die Säule gesteckt sein muß, und an deren beiden Enden man wol zweckmäßiger als unten Futter- und Wassergefäß haben kann. Immer müssen die Gefäße aber sicher befestigt sein, weil der Papagei hier, wo er frei sitzt, sich noch eifriger mit ihnen beschäftigt. Am zweckentsprechendsten werden sie schubladenartig in eine oben offene Blechkapsel geschoben, deren hervorstehende und nach innen gebogene starke Ränder sie festhalten.

Häufiger findet man den Papageienständer mit Bügel oder Ring, bei dem vor allem der Bügel der Größe des Vogels entsprechend und unterhalb des Sitzes die Schubladenvorrichtung angebracht sein muß. (S. die Abbildung.) Er ist in der Regel aus Metall, mit alleiniger Ausnahme der Sitzstange.

Die Papageienständer, welche den genannten Anforderungen nicht genügen, schließe ich vonvornherein als unbrauchbar aus. Prunkvolle Ständer, die

wol gar mit Goldfischglocke und Schmuckkäfig für einen kleinern Vogel ausgestattet sind, bergen für den Papagei nur Thierquälerei. Zweckmäßige Ständer (s. Abbildung) werden von Herrn Josef Schmölz in Pforzheim angefertigt. Der Bügel muß für den großen Papagei eine etwa 60 cm lange Sitzstange haben und in der Rundung etwa 50 cm hoch sein. An den Seiten befinden sich Futter- und Wassergefäß, und inbetreff dieser sowie der Sitzstange gilt das bereits Gesagte. Als Erfordernisse, welche bei den Papageienständern meistens versäumt werden, und die ich doch als durchaus nothwendig ansehen muß, nenne ich folgende: Solch' Ständer sollte immer eine Klettervorrichtung haben, an welcher der Vogel zur Schublade unschwer herabgelangen und täglich im Sande paddeln kann. Fehlt eine derartige Einrichtung, so ist es auch nicht ausreichend, wenn er oberhalb des Bügels noch einen besondern festen Sitz hat, während ich diesen letzteren für alle Fälle, selbst wenn der Bügel nicht so sehr lose hängt, daß er bei der geringsten Bewegung in Schwingungen versetzt wird, als entschieden unentbehrlich erachte. Immerhin fehlt hier die naturgemäße Bewegung des Kletterns, und man sollte bei Anbringung der obersten Sitzstange darauf Bedacht nehmen, ihm solche, soweit es thunlich ist, zu verschaffen. Der Papageienständer, welchen die Abbildung zeigt, ist so eingerichtet, daß das Gestell vermittelst der beiden Schrauben tief genug herabgelassen, bzl. in den Fuß hinuntergesenkt werden kann, um dem Vogel das Erreichen der Schublade mit dem Sand zu ermöglichen. Man kann die Kette aus leichtem Metall auch noch um die Hälfte länger geben, damit der Papagei keinenfalls behindert werde, den ganzen Raum des Untersatzes, bzl. der Schublade, zu betreten. Dieser Ständer hat keinen besondern obern Sitz. Will der Vogel klettern und ist die Kette lang genug, so kann er ja die obre Rundung des Ständers erklimmen; die Kette muß dann aber nicht allein die volle ausreichende Länge, sondern auch in der Mitte ein drehbares Glied haben, damit sie dem Vogel jede Bewegung gestatte und sich nicht verwickle. Auf der Rundung oben am Ständer kann dann wol zeitweise ein Sitzholz fest angeschraubt werden, und schließlich ist die Kette so einzurichten, daß sie, wenn der Papagei wieder ruhig im Bügel sitzt, zur Hälfte eingehakt wird, damit der Fuß nicht fortwährend die ganze Last zu tragen hat.

Nach Ermessen muß man den Bügel abnehmen und im Freien an einen Baumast hängen können; am Ständerhaken aber müßte sich stets eine Feder befinden, welche es verhindert, daß der Papagei gelegentlich den Bügel selber loslöse und mit ihm herabfalle.

Alle bis jetzt im Handel vorkommenden Fuß= ketten nebst Fußring sind unzweckmäßig; vor= nehmlich ist die Wahl des Metalls für dieselben mißlich. Kupfer, Messing, Neusilber u. a. werden durch Grünspanansatz leicht gefährlich und sind auch, ebenso wie das Eisen, zu schwer. Das neuerdings vorgeschlagene Aluminium leistet dem Papageien= schnabel zu geringen Widerstand. Zwischen diesen Klippen aber scheitert auch die Verwendung der übrigen Metalle. Noch schlimmer steht es mit dem Fußring; entweder drückt er mit harter Kante an der Stelle, wo er fest aufliegt, d. h. an der Seite, wo die Kette herunterhängt, den Fuß und bringt schmerzhafte Hautverhärtungen hervor, bzl. reibt wenigstens die Stelle wund, oder der Verschluß des

Rings vermag dem Papageischnabel nicht zu widerstehen. Der Vogel, wenn er nicht bereits völlig an den Ständer gewöhnt ist, macht sich dann doch einmal los und kann allerlei Unfug im Zimmer anrichten, irgend etwas Schädliches fressen, oder wol gar entkommen. Daher wiederhole ich auch hier die Aufforderung an die Sachverständigen auf diesem Gebiet: sie mögen darauf sinnen, zweckmäßige Fußketten und Ringe, die alle derartigen Uebelstände vermeiden lassen, die namentlich durchaus fest und sicher, dabei jedoch auch leicht sind, sodaß sie den Vogel nicht qualvoll belästigen, herzustellen. Die von Herrn Oberförster Rupprecht vorgeschlagene Einlage von rohem Guttapercha, welches in siedendem Wasser plastisch gemacht ist, und das Wechseln des Rings von einem Fuß zum andern, hat sich leider nicht bewährt.

Am besten dürfte es sein, wenn man den Papagei so auf den Bügel und an den Ständer gewöhnt, daß er denselben auch unangekettet niemals freiwillig verläßt: dazu gehört freilich viel, und es bleibt dabei mindestens die Gefahr, daß der Vogel, durch einen plötzlichen Schreck oder dergleichen erregt, einmal durch's offene Fenster davonfliegt, selbst wenn er schon seit zehn Jahren und darüber neben demselben gesessen. — Einen sehr einfachen Papageienständer hat neuerdings Herr Manecke=Berlin in den Handel gebracht; er besteht nur in einer praktischen Sitzstange von 35 cm Länge, die leicht an Tisch und Stuhl zu befestigen ist, und eignet sich besonders für einen gut gezähmten Vogel. — Auch die Käfigfabriken von P. Schindler, A. Stüdemann und K. Kaldenbach (Hähnel's Nachfolger) in Berlin führen gute Käfige und Papageien-Ständer.

Ernährung. Die zweckentsprechende Fütterung ist selbstverständlich überaus wichtig für den sprechenden und daher kostbaren Papagei. Unter Hinweis auf das S. 8 ff. bereits Gesagte will ich es nochmals hervorheben, daß die Aufkäufer und Händler vielfach, zumal aber bei der Ueberfahrt, diese Vögel ganz unzweckmäßig behandeln und dadurch vonvornherein den Krankheits- oder gar Todeskeim bei ihnen legen. Ja, noch mehr; wenn die jungen Vögel, wenigstens die, welche früh aus den Nestern geraubt worden, von den Eingeborenen mit gekautem Mais u. drgl. aufgepäppelt werden, so liegt darin doch sicherlich keine Gewähr für ihre Gesundheit und ihr Leben, und ebensowenig ist dies der Fall bei der weitern Gewöhnung der jungen Vögel an Bananen u. a. tropische Früchte oder auch gekochten Mais, gekochte Kartoffeln u. drgl. Jeder, der große, sprachbegabte Papageien nach Europa hinüberbringt, füttert dieselben seiner Einsicht und Kenntniß gemäß, und da läßt es sich ja denken, daß die Vögel in mannigfach verschiedner Weise ernährt und verpflegt werden. Hierin ist wol die Hauptursache der bestehenden argen Uebelstände zu suchen, und es ergibt sich als bringend nothwendig, daß die gesammte Papageien-Einfuhr in einheitlicher Weise geregelt werden muß. Vor allem müssen die Großhändler dahin streben, daß sie lebensfähige Vögel erlangen, und dies können sie eben nur dadurch erreichen, daß die Verpflegung und Fütterung bereits von Beginn her sach- und naturgemäß eingerichtet werde. Man könnte einwenden, dies sei garnicht möglich, bevor man nicht die Lebens- und Ernährungsweise dieser Vögel im Freien sicher kennt. Und obwol wir, zumal in der letztern Zeit, auf diesem Wege in der erfreulichsten Weise weiter fortgeschritten sind, so bleibt leider doch noch viel zu wünschen übrig. Ich muß hier natürlich in den nachstehenden Anleitungen auf Kenntnissen fußen, die wir aus den bisher feststehenden Erfahrungen zu gewinnen vermochten.

Es ist unbestreitbar, daß die Amazonen ebenso wie die Graupapageien in der Freiheit der Hauptsache nach von mehlhaltigen Sämereien, im geringern Maß von öligen Samen, sowie Nüssen und zeitweise auch von frischen, zarten Pflanzentheilen, am wenigsten von weichen Früchten, sich ernähren. Daher ist es richtig, wenn man jetzt allgemein sie meistens in der Hauptsache mit Mais nebst etwas Hanf und Zugabe von gut ausgebacknem, nicht gesäuertem Weizenbrot füttert, ihnen aber auch immer etwas gutreife Frucht dazu reicht. Der Mais wird am besten schwach angekocht gegeben, weil die

Maiskolben vielfach zu früh ausgebrochen werden, dann die Körner beim Nachreifen auf dem Speicher hohl trocknen und innen wol gar schimmeln. Alle beim Kochen geplatzten, innen schwarzen u. a. schlechten Körner sucht man sorgfältig aus und wirft sie fort. Man kocht solange, bis ein herausgenommenes Korn einen Fingernageleindruck annimmt, reibt die Körner dann auf einem groben, weichen Handtuch lufttrocken und läßt sie erkalten. Als besondere Leckerbissen gibt man auch wol halbreife, noch „in Milch stehende" Maiskörner, doch muß man damit vorsichtig sein, weil sie leicht Durchfall erzeugen. Wer übrigens durchaus guten, vollreifen und auch vortrefflich getrockneten Mais hat, braucht die Körner nur abzubrühen und dann mit dem Leinentuch zu trocknen, um sie so nach dem Erkalten zu verfüttern. — Das Weißbrot (Weizenbrot, Semmel oder Wecken) muß ohne Sauerteig, ohne oder doch mit möglichst wenig Hefe, aus reinem Weizenmehl (es darf also keine Berliner Schrippe, auch nicht mit Zusatz von Zucker, Milch, Gewürz und Salz), gut ausgebacken, nicht glitschig oder wasserstreifig, sondern gleichmäßig locker und porös sein. Ebenso darf es nicht zu lange oder in zu vielem Wasser erweicht werden, damit nicht aller Nahrungsstoff ausgezogen werde. So wird es altbacken, d. h. mindestens 4 Tage alt und hartgetrocknet, in Wasser erweicht, dann entfernt man vermittels eines Messers die Rinde oder Schale, preßt die reine Krume mit den Fingern stark aus und zerkrümelt sie. Will man anstatt des erweichten Weißbrots lieber trocknes geben, das die Papageien manchmal sehr gern fressen, so sind die sog. Potsdamer Zwiebacke — ein kleines hartes, vortrefflich ausgebacknes reines Weizenbrötchen ohne jeden Zusatz — höchst empfehlenswerth. Davon bekommt der Papagei vor- und nachmittags je einen halben und, wenn er diesen sich selbst in seinen Trinknapf eintaucht, so schadet es nichts. Von der vorhin empfohlenen Semmel gibt man ihm vor- und nachmittags von der erweichten Krume etwa wie eine Wallnuß groß. Mit dem bisher beschriebnen einfachen Futter kann man nach meiner Ueberzeugung jeden großen sprachbegabten Papagei für die Dauer vortrefflich erhalten. Zur Abwechselung kann man ihm auch etwas Kanariensamen bieten; mit Sonnenblumensamen muß man vorsichtig sein, da er schädlich werden kann.

Sobald ein solcher Vogel als völlig eingewöhnt, zweifellos gesund und lebenskräftig betrachtet werden kann, darf man ihm einige Zugaben zur Erquickung bieten, so namentlich Obst. Man versuche vorsichtig zunächst mit einer Kirsche, Weintraube, einem Stückchen Apfel, Birne oder dergleichen, je nach der Jahreszeit und alles natürlich in bester Beschaffenheit; doch achte man dabei wenigstens in der ersten Zeit recht aufmerksam auf die Entlerungen, und wenn diese schleimig oder gar wäßrig, ja auch nur abweichend überhaupt erscheinen, so lasse man die Fruchtzugabe sogleich wieder fort, überschlage einige Tage und beginne dann den Versuch von neuem, bis man den Vogel allmählich an das gewöhnt hat, was ihm angenehm und wohlthuend zugleich ist. Als unbedenkliche Leckerbissen für die großen Sprecher darf man je eine Hasel- oder Wallnuß, die sog. brasilische Erd- oder Paranuß, auch wol eine süße Mandel, gewähren, doch muß man all' dergleichen vorher selbst sorgfältig schmecken, damit nicht etwa ein verdorbner, ranzig oder bitter gewordner Kern oder gar eine bittre Mandel darunter ist. Letztere wirkt bekanntlich als Gift, und beiläufig sei bemerkt, daß man auch Petersilie als ein solches für Papageien ansieht. Alle weichen Südfrüchte, wie Bananen, Datteln, Feigen, Apfelsinen u. a. m., gebe man den großen Sprechern lieber garnicht oder doch nur unter äußerster Vorsicht, indem man jede einzelne Frucht vorher gleichfalls kostet. Ebenso vermeide man rohe oder gekochte Mören, rohe oder geröstete italienische Kastanien, Melonen, auch Rosinen, sowie die verschiedenen Beren, denn man ist bei alledem nicht sicher, das dies oder jenes nicht schädlich sei. Ohne Bedenken darf man dagegen vollreife frische und gut getrocknete Ebereschen- oder Vogelberen reichen. Grünkraut erachte ich als überflüssig, Salat oder Blätter von den verschiedenen Kohlarten als geradezu gefahrdrohend; doch biete man den Amazonen stets Zweige zum Benagen, anfangs trocknes, mittelhartes Holz, nach völliger Eingewöhnung grüne Zweige mit Rinde, Knospen oder Blättern, am zuträglichsten von den S. 81

genannten Holzarten, ja selbst von Nadelhölzern; für weniger gut halte ich die sehr harten, sowie die stark gerbsäurehaltigen Holzarten. Das Holz zum Benagen braucht der Papagei, einerseits, um für seinen Schnabel eine naturgemäße Thätigkeit zu haben, andrerseits als erfrischendes Nahrungsmittel.

Alle Sämereien sollen voll ausgewachsen und gut gereift, sodann frei von Schmutz und fremdem Samen sein; sie dürfen, so z. B. der Hanf, nicht zu frisch (er bewirkt dann leicht Durchfall), aber auch nicht zu alt, vertrocknet oder ranzig sein. Beim Obst ist es wichtig, daß dasselbe nicht zu früh abgenommen, nachgereift (und dann wol sauer geworden), sondern voll ausgewachsen und naturgemäß gereift sei. Es darf auch nicht im weich gewordnen Zustand, ‚molsch‘ oder ‚mudike‘, wie man in Berlin zu sagen pflegt, sondern es muß frisch und wohlschmeckend sein. Sorgsam achte man darauf, daß es im Winter nicht eisig kalt, sondern immer erst gegeben werde, nachdem es, mehrfach durchgeschnitten, im erwärmten Raum gelegen und stubenwarm geworden sei.

Herr Karl Hagenbeck hat zuerst darauf hingewiesen, und ich schließe mich seinem Ausspruch an, daß alles sog. Matschfutter, also eingeweichtes und nicht ausgedrücktes Weißbrot, gekochter, breiiger Reis u. drgl. für die sprechenden Papageien schädlich sei.

Allbekannt ist es wol, daß jeder große Papagei in der Gefangenschaft allerlei menschliche Nahrungsmittel: Braten, Gemüse, Kartoffeln, ja, sonderbarerweise nicht allein Zuckersachen, sondern auch stark gesalzene, in Essig eingemachte, gepfefferte u. drgl. Leckereien mit wahrer Gier frißt, und es kommen Fälle vor, in denen ein solcher Vogel sich dabei vortrefflich erhält und lange Jahre ausdauert. Meistens aber gehen werthvolle Papageien an derartiger naturwidriger Ernährung zugrunde. Die erste Folge ist das Selbstausrupfen der Federn, ein krankhafter Zustand, den ich im Abschnitt „Krankheiten" besprechen werde. Noch mancherlei andere Leiden treten ein und nur zu oft ein Siechthum des ganzen Körpers, sodaß der arme Vogel an inneren und äußeren Geschwüren elend sterben muß. Ob die Papageien, wenn sie einzeln im Käfig gehalten werden, wirklich thierischer Nahrungsmittel, also der Zugabe von Mehlwürmern, Ameisenpuppen u. a., bedürfen, ist immer noch nicht mit Sicherheit festgestellt. Der Afrikareisende Soyaux sagt, daß die Graupapageien in Westafrika als Zerstörer von Nestern anderer Vögel bekannt seien — wer kann aber bis jetzt mit Sicherheit behaupten, ob dies eine naturgemäße oder widernatürliche Erscheinung sei? Zur Darreichung von Fleisch und Fett an große Papageien vermag ich bis jetzt keinenfalls zu rathen; denn nach den mir vorliegenden Mittheilungen hat die Erfahrung stets gelehrt, daß fast alle großen sprechenden Papageien, welche gekochtes oder rohes Fleisch erhalten haben, zugrunde gegangen sind; immer ist dies aber der Fall gewesen bei denen, welchen allerlei menschliche Nahrungsmittel überhaupt gegeben wurden.

Auch für den großen Papagei ist die Zugabe von Kalk nothwendig, und zwar ist am zuträglichsten der thierische Kalk, Tintenfisch- oder Sepienschale, die infolge ihres Salzgehalts sehr gern gefressen wird, jedoch, zu reichlich gegeben, schädlich werden kann. Man vermeide, sie frisch eingeführten Papageien sogleich zu geben, weil dann leicht übermäßiger Durst und durch das Trinkwasser, an welches sie noch nicht gewöhnt sind, Erkrankung verursacht wird. Später klemmt man einen ganzen Schulp oder nur ein Stück davon zwischen das Gitter. Nächstdem ist geglühte Austernschale, ferner etwas Kalk von einer alten Wand oder noch besser Kreide empfehlenswerth. — Sand und zwar durchaus reiner, trockner, feiner, aber nicht staubiger, am besten weißer Stubensand, ist nicht allein zur Reinigung und Reinhaltung des Käfigs erforderlich, sondern die Papageien verschlucken auch kleine Steinchen zur Verdauung.

Wie schon erwähnt, werden viele der großen Papageien ganz ohne Wasser gehalten; ich hebe es hier nochmals hervor, daß ich dies als entschieden unheilvoll, weil widernatürlich, ansehe und vonvornherein dringend rathe, man wolle einen Papagei, der nicht Wasser bekommen darf, überhaupt niemals kaufen. Das gebräuchliche Verfahren, in Kaffee oder Thee getauchtes Weißbrot zu reichen, ist für den Vogel schädlich. Ich rathe Folgendes: Wenn der Händler einen noch nicht an Wasser gewöhnten Papagei unter Gewähr des Ersatzes für eine bestimmte Zeit abgibt, so möge man ihn immerhin übernehmen, dann zunächst ganz genau, wie es bisher geschehen, verpflegen und erst nach Ablauf der vereinbarten Frist von 4, 6 oder 8 Wochen, nachdem er sich also entschieden lebensfähig gezeigt hat, an Trinkwasser und trocknes Weizenbrot gewöhnen. Dies führe man in der Weise aus, daß man den Kaffee oder Thee allmählich immer mehr mit Wasser verdünnt und das Weißbrot immer weniger weichen läßt, bis man zuletzt bloßes stubenwarmes Wasser und trocknen Potsdamer Zwieback gibt. In der ersten Zeit reiche man immer nur abgekochtes, an freier Luft wieder erkaltetes Trinkwasser, auch niemals zuviel auf einmal, nur bis drei Schluck hintereinander und täglich etwa zweimal. Nach und nach vermischt man, ganz ebenso wie beim Kaffe, das gekochte Wasser immer mehr mit natürlichem, aber nicht ganz frischem oder eiskaltem, sondern solchem, welches etwa eine Stunde gestanden hat, also stubenwarm ist. Auch wenn der Papagei bereits völlig eingewöhnt ist, soll man ihm doch immer nur verschlagnes, niemals eiskaltes, oder auch nur ganz frisches Trinkwasser reichen. Ausdrücklich weise ich auf den viel verbreiteten Irrthum hin, daß ein Vogel „abgestandnes" Trinkwasser bekommen müsse oder dürfe, dasselbe soll nur stubenwarm, nicht aber abgestanden, also luftler, schal und verdorben, sein.

Zähmung und Abrichtung. Die Nachahmungssucht und -Fähigkeit der Papageien erstreckt sich nicht bloß auf menschliche Worte, sondern auch auf allerlei andere Laute — und in dieser Begabung kann ein solcher Vogel höchst werthvoll, aber ebenso unausstehlich und daher werthlos werden. Im guten Sinne lernt er Worte nachsprechen und manchmal ebenso nachsingen, Melodien flöten oder pfeifen, selbst Lieder von Singvögeln mehr oder minder treu wiedergeben; im bösen Sinne nimmt er die gellenden Schreie aller anderen Vögel, die er hört, an, ahmt allerlei schrille Töne nach, wie den Hahnenschrei, Hundegebell, Thürknarren, das Pfeifen der Lokomotive, Kinderweinen u. a. m. Aufgabe der Erziehung muß es sein, ihn ebenso von allem Widerwärtigen abzulenken, wie zum Angenehmen anzuleiten.

Manche Leute haben vonvornherein Widerwillen gegen die Papageien „ihres langsamen amphibienähnlichen Kletterns", „ihrer Falschheit, Tücke und Bosheit", „ihres nur zu argen Lärmens", kurz und gut vielerlei Unliebenswürdigkeiten wegen, — nach meiner festen Ueberzeugung aber, auf Grund langjähriger Erfahrung und genauer Kenntniß, beruhen alle solchen Klagen nur in Vorurtheil, Unkenntniß, überhaupt in der Schuld des Besitzers selber. Schlimmer noch ist es, wenn Jemand sich einen

Papagei hält, der kein wahrer Vogelfreund ist. Der stattliche Vogel im hübschen Bauer gilt ihm lediglich als Zimmerschmuck. Die Begabung desselben, Worte sprechen zu lernen, erfreut in der ersten Zeit; nachdem aber der Reiz des Neuen sich verloren hat, dient er wol nur noch dazu, besuchenden Freunden und Bekannten Spaß zu machen. Im übrigen wird er dem Besitzer immer mehr gleichgiltig, wol gar überdrüssig, man überläßt seine Verpflegung den Dienstboten — und damit ist sein Schicksal freudlos und beklagenswerth geworden; für den Besitzer erscheint er dann allerdings bald als ein unerträgliches Geschöpf. Jeder Papagei, insbesondre der hochbegabte und lebhafte, will lieben und geliebt sein, das ist eine Erfahrung, die der Liebhaber niemals vergessen sollte. Wer diese Hauptbedingung seines Wohlergehens nicht erfüllen kann, thut ein großes Unrecht daran, einen solchen Vogel anzuschaffen. Alle Mißgriffe aber, in der Erziehung ebenso wie in der Verpflegung, bringen dem Thier anstatt guter Eigenschaften im Gegentheil abstoßende bei. Eine ernste Wahrheit liegt in dem Ausspruch, daß, wer selber nicht gut erzogen ist, sich nicht anmaßen soll, Andere, gleichviel Menschen oder Thiere, erziehen zu wollen — und doch ruht die Abrichtung oder „Dressur", wie man bezeichnend genug zu sagen pflegt, unserer nächsten Freunde aus der Thierwelt, unserer innigsten Genossen unter den Hausthieren,

in der Regel in den Händen von rohen, oft nicht
einmal gutartigen und häufig genug unfähigen
Menschen. Daher sehen wir denn um uns her die
vielen verdorbenen Hausthiere: Hunde, die von Natur
gutmüthig und fügsam gewesen, in bösartige, bissige Köter
verwandelt, Katzen falsch und hinterlistig, Papageien störrisch,
boshaft und als unleidliche Schreier u. a. m. Andrerseits
darf ein wohlerzognes Thier doch zweifellos als
ein hochschätzenswerther Genosse des Menschen, der
ihm unter Umständen im vollen Sinne des Worts
ein Freund sein und unermeßlichen Werth für ihn
haben kann, gelten. Im Nachstehenden will ich es
versuchen, Hinweise zu geben, wie dieses Ziel zu
erreichen ist.

Bis jetzt hat die Erfahrung etwaige Merkmale,
an denen man die mehr oder minder hohe Begabung
eines Vogels ohne weitres erkennen könnte, noch nicht
mit Sicherheit feststellen lassen. Wol vermag der
Sachkundige einem Papagei es einigermaßen anzu=
sehen, ob er „einschlagen", also sich begabt, leicht
zähmbar und gelehrig zeigen werde; wol zeugen
Munterkeit und Regsamkeit, ein lebhaftes, glänzendes
Auge, Aufmerksamkeit auf Alles, was rings umher
vorgeht u. drgl. für die Annahme, daß wir einen
„guten Vogel" vor uns haben, allein volle Gewißheit
können wir darin doch nicht finden, denn es liegen
Beispiele vor, nach welchen solch' Papagei trotzdem
störrisch und dumm geblieben, während ein andrer,

der anfangs wie stumpfsinnig dagesessen, sich zum vorzüglichen Sprecher ausgebildet hat. Die Geschlechtsunterschiede dürften in dieser Hinsicht bedeutungslos sein, abgesehen davon, daß man sie bis jetzt bei den großen, sprachbegabten Papageien kaum oder noch garnicht ermittelt hat. Selbstverständlich ist es um so schwieriger, einen Vogel einzugewöhnen und abzurichten, je älter er vor dem Einfangen bereits geworden, und die erste zu beachtende Regel beim Einkauf eines Sprechers, den man in die Lehre nehmen will, lautet also, daß derselbe für jeden Unterricht umsomehr empfänglich ist, je jünger er in unsern Besitz gelangt. Doch sind auch sogenannte alte Schreier, die im Handel geringern Werth haben, noch vortreffliche Sprecher geworden, freilich gewöhnlich erst, nachdem man sie jahrelang in der Gefangenschaft gehalten. Jeder gelehrige Papagei pflegt gleichzeitig mit der fortschreitenden Eingewöhnung immer gefügiger zu werden und auch, jemehr er lernt, desto seltner sein häßliches Naturgeschrei erschallen zu lassen.

Die Händler zweiter und dritter Hand zähmen in der Regel jeden Papagei mit Gewalt. Mit starken, wildledernen Handschuhen ausgerüstet, packt der Mann den Vogel an den Beinen, zieht ihn unbekümmert um sein Kreischen und Beißen aus dem Käfig hervor, hält ihn auf dem Zeigefinger der linken Hand fest und streichelt ihn mit der rechten solange, bis er ruhig und zahm wird. Dazu gehört Muth, Geschick, Ausdauer und Geduld und namentlich völlige Nicht=

achtung der durch die Bisse des Vogels verursachten, trotz der Handschuhe gar empfindlichen Schmerzen. Die zangenartige Gestalt des Papageienschnabels bringt bei heftigen Bissen Quetsch- und Rißwunden zugleich hervor, welche sehr schmerzhaft sind und schwierig heilen. Man hat sich vornehmlich vor hinterlistigem Beißen zu hüten. Um ihnen das Beißen abzugewöhnen, haut man sie gewöhnlich, sobald sie es versuchen, mit dem Zeigefinger auf den Schnabel; dies nützt indessen meistens doch nichts, und andrerseits wird nicht selten dadurch der plötzliche Tod des Vogels herbeigeführt. Auch manche Liebhaber suchen in der beschriebenen Weise einen Papagei zu zähmen, weil sie dann, wenngleich mit größter Anstrengung, so doch rascher zum Ziel kommen; ich möchte indessen diesen Weg der Zähmung keinenfalls ohne weiteres empfehlen. Denn, wenn ein andres Verfahren auch langsamer und zeitraubender ist, so hat es doch den Vortheil, daß es zwischen dem Menschen und dem Vogel ein liebevolles Verhältniß zustande bringt, während jene ‚Dressur' das Menschenherz sicherlich nicht mild und sanft stimmen kann. Auch will es mir scheinen, als ob die Vögel, welche so mit Gewalt gebändigt worden, niemals zur rechten, vollen Zutraulichkeit gelangen, während im Gegensatz dazu die in Liebe und Freundschaft abgerichteten ihrem Herrn gewissermaßen verständnißvoll zugethan sind.

Zur Zähmung und Abrichtung muß der Lehrmeister ein gewisses Geschick besitzen; manche Leute vermögen eine derartige Aufgabe mit staunenswerther Leichtigkeit zu lösen, bei anderen dagegen, obwol sie reichere Erfahrungen und viel größere Kenntnisse haben, hält sie überaus schwer. Auch die äußere Erscheinung des Abrichters ist von Einfluß. Gegen Diesen zeigen allerlei Vögel sich sogleich furchtlos und sogar zutraulich, Jenem gegenüber aber selbst in jahrelangem Verkehr niemals ruhig und zahm. Man behauptet, daß für die Papageien, ähnlich wie für die Kinder, ein bärtiger Mann beängstigend sei, während sie, mindestens im allgemeinen, für Frauen und Kinder mehr Anhänglichkeit äußern.

Für eine rasche und vollständige Zähmung sind folgende Erfahrungssätze zu beachten: Der Papagei darf seinen Stand niemals höher, sondern er muß ihn stets niedriger als das menschliche Auge haben. Er ist immer so zu stellen, daß der Verpfleger, bzl. Lehrmeister, sich zwischen ihm und dem Licht befinde. Namentlich aber mache man ihn möglichst hilflos, denn jemehr er sich in die menschliche Gewalt gegeben fühlt, desto leichter wird er zahm und der Abrichtung zugänglich. Man bringe ihn also in einen recht engen Käfig oder setze ihn angekettet auf einen Ständer; beides erfordert jedoch Vorsicht.

Mehr als jedes andre Thier ist der hochbegabte Papagei einer Erkrankung, ja dem Tode durch Gemüthsbewegung ausgesetzt, sowol aus Angst und Erschrecken, wie aus Sehnsucht nach seinem Herrn, der ihn liebevoll behandelt und dann verkauft hat, oder nach einem gefiederten Genossen, ferner aus Erregung infolge von Zank und Streit mit Menschen oder Thieren. Man verhalte sich also beim Füttern, wie bei jedem Nahen immer gleichmäßig ruhig und freundlich und vermeide es, ihn durch plötzliches hastiges Herantreten zu erschrecken. Im ganzen Verkehr mit ihm, namentlich aber bei der Abrichtung lasse man sich niemals zur Heftigkeit oder gar zu Zornausbrüchen hinreißen. Ferner darf man den Papagei niemals necken, im Scherz oder Ernst reizen, unnöthigerweise bedrohen oder gar strafen. Jede etwaige Bestrafung darf bei ihm nur bedingungsweise und von einem Abrichter angewendet werden, der volles Verständniß für sein Wesen und ausreichende Erfahrungen auf diesem Gebiet überhaupt besitzt.

Wenn ich auch von jeder harten Strafe durchaus absehe, und jede Behandlung, die an Thierquälerei nur streifen könnte, vonvornherein ausschließe, so muß ich doch zugeben, daß in gewissen Fällen Bestrafung nothwendig ist. Zu allernächst liegt solche dem Vogel gegenüber, welcher, obwol ein hochbegabter Sprecher, doch vielleicht aus Uebermuth oder weil er schlecht gewöhnt worden oder weil sein Besitzer sich zu wenig mit ihm beschäftigt, zeitweise als arger Schreier lästig fällt. Das Bemühen, ihn im Guten zu beruhigen, ist meistens vergeblich, harte Zwangsmaßregeln sind ebensowenig anzuwenden, da in denselben die Gefahr liegt, daß man dadurch einen bis dahin gutartigen, werthvollen Vogel verderbe und zum bösartigen Geschöpf mache, und zwar ohne trotzdem den eigentlichen Zweck zu erreichen. Stock oder Rute ist hier als Erziehungsmittel völlig unbrauchbar; anstatt ihrer muß man ein andres Zwangsmittel anwenden, das einerseits mild sei und andrerseits doch nachdrücklich genug wirke, das man vor allem aber dem Vogel als eine Strafe verständlich zu machen vermag. Jeder Papagei, den man schlägt, wehrt sich; er empfindet die Schläge nicht als Strafe, sondern als Befehdung, und auch deshalb sind diese bedenklich), weil der Papagei sie als ihm widerfahrne Mißhandlung lange im Gedächtniß behält, dem, der sie ihm zugefügt, nachträgt, sobaß er dadurch das Zutrauen und zugleich die Lernlust und Lernfähigkeit einbüßt. Selbst die Bedrohung durch harte Worte, durch anschreien, auf den Käfig schlagen u. s. w., kann den Vogel verderben, ohne zu nützen. An einem, freilich dem bedeutsamsten, Beispiel will ich erörtern, in welcher Weise der Vogel lernen kann, Strafe von Unbill zu unterscheiden. Haben wir einen recht begabten und gut abgerichteten Papagei vor uns, so werden wir ihn trotzdem nicht oder doch nur sehr schwierig daran verhindern können, daß er zeitweise arg schreit und lärmt; alle erwähnten Bedrohungen nützen garnichts, denn gleichsam hohnlachend sucht er sie nachdrücklichst abzuwehren. Als wirksames Verfahren rathe ich, ihn, bzl. seinen Käfig, zu verdecken. In den meisten Fällen wird zwar auch dadurch kein Erfolg erreicht, denn, wenn der Papagei im ersten Augenblick verstummt, so schreit er doch bald unter dem Tuch wieder los. Darin liegt nun aber eben der Mißgriff. Auf folgendem Wege gelangt man dagegen sicherlich zum Ziel. Ein dickes, dunkles Tuch legt man in der Nähe des Käfis bereit, und sobald der Papagei anfängt zu schreien, wird er plötzlich zugedeckt, und der Käfig rasch ganz verhüllt, sobaß er im Finstern sitzt; dann, nach einigen Minuten, wird das Tuch wieder abgehoben. Beim Zudecken ruft man ihm ein scheltendes Wort in drohendem Tone zu, beim Abheben spricht man wieder liebevoll mit ihm. Wiederholt man dies jedesmal, sobald er zu lärmen beginnt, so begreift er bald, und es bedarf zuletzt nur noch des Emporhebens oder wol gar nur des Hinweisens auf das Tuch unter drohendem Zuruf, um ihn sofort vom

Geschrei abzubringen. Hier haben wir also den Vortheil, daß der Vogel sich nicht zu wehren vermag, sondern die Strafe ruhig über sich ergehen lassen muß und bald erkennen lernt, wodurch er sie vermeiden kann. Dem Papagei auf dem Ständer gegenüber ist es freilich kaum möglich, diese Strafe zur Anwendung zu bringen.

Bei der Zähmung sind unverwüstliche Ruhe und gleichmäßig freundliches Wesen Hauptbedingungen des Erfolges. Etwa ein bis zwei Wochen überlasse man den Vogel ungestört sich selber. Sein eigner scharfer Verstand wird ihm bald sagen, daß für sein Leben keine Gefahr vorhanden ist, und sobald er dann ruhig geworden, das dummscheue Wesen und häßliche Geschrei abgelegt hat, fängt er an, seine Umgebung zu beobachten. Er weiß Jeden, der es gut mit ihm meint, von dem, der ihm wirkliche oder vermeintliche Unbill zugefügt hat, also Freund und Feind, bald und ebenso noch nach langer Zeit, zu unterscheiden; er lernt seinen Wohlthäter schätzen, wird zutraulich gegen ihn und ihm zugethan. Am besten unterläßt man auch hier jede Zwangsmaßregel und bedient sich allenfalls nur einiger Kunstgriffe, um eine raschere, vollständigere Zähmung zu erreichen. Nachdem man ihm für einige Stunden das Trinkwasser entzogen, hält man ihm dasselbe oder auch besondere Leckerbissen so hin, daß er, um dazu zu gelangen, nur über die Hand hinwegreichen kann. Unschwer gewöhnt er sich so an diese, kommt freiwillig auf den Finger, läßt sich dann auch das Köpfchen krauen, nach und nach streicheln, zuletzt völlig anfassen und hätscheln.

Herr Dr. Lazarus, einer der tüchtigsten Papageienkenner und -Pfleger, schlägt etwas abweichend folgenden Weg vor: „Sobald der frischeingeführte Papagei bei gleichmäßig liebevoller Behandlung, oft trotzdem erst nach Monaten, sich ruhiger zeigt und zutraulich zu werden beginnt, indem er aufhört, bei jeder Annäherung zu kreischen, vielmehr an das Gitter kommt und wol gar den Kopf entgegenstreckt, wobei er jedoch noch immer sehr scheu und ängstlich ist, darf man allmählich den Versuch wagen, mit einem Finger vorsichtig seinen Oberschnabel oder Kopf zu berühren. Nun versuche man, ihn zu krauen, während man ihm einige zärtliche Worte sagt, besonders solche, welche er vielleicht schon spricht. Dies thue man namentlich in der Dämmerung und des Abends bei Licht; bald wird er sich solche Liebkosungen gefallen und wol gar den Kopf in die hohle Hand nehmen lassen. Stets führe man dergleichen aber durch das Käfiggitter aus, durch welches man am Papageibauer ja bequem langen kann, niemals reiche man mit dem ganzen Arm durch die Käfigthür, weil der Papagei dadurch beängstigt wird. Erst nach längrer Zeit, wenn er schon daran gewöhnt ist, durch das Gitter sich ohne Scheu berühren zu lassen, beginne man die Thür zu öffnen, damit er herauskomme, doch nur wenn es im Zimmer ganz ruhig ist; und ebenso lasse man ihm vollauf Zeit, sich zu entschließen, auch wenn es mehrere Stunden dauert, bis er heraus und auf das Dach klettert. Bald wird er die Bewilligung dieser Freiheit mit Ungeduld erwarten. Nun beschäftige man sich ausschließlich mit ihm, wenn er sich draußen befindet. Ist er soweit gezähmt, daß er Futter aus den Fingern nimmt, einen solchen mit dem Schnabel faßt ohne zu beißen, seinen Kopf in eine hohle Hand steckt, während man ihn mit der andern im Gefieder kraut, so muß er nun auch lernen, auf die Hand zu kommen. Dauert es zu lange, bevor er sich freiwillig dazu entschließt, so muß man, wie vorhin angegeben, Zwangsmaßregeln anwenden, und im Verlauf einer Woche etwa bringt man ihn sicherlich dazu, dies freiwillig zu thun."

Bevor ich meinerseits praktische Anleitung zur eigentlichen Abrichtung gebe, muß ich einem häßlichen, leider noch vielfach herrschenden Vorurtheil entgegentreten. Dasselbe betrifft das sog. Zungenlösen, welches viele Leute noch für durchaus erforderlich halten, andere dagegen als nothwendig ausgeben, um ihres Vortheils willen nämlich. Nur ungebildete Menschen können noch in dem Aberglauben befangen sein, daß das Lösen der Zunge bei einem Vogel zum Sprechenlernen nothwendig sei; ich erkläre hiermit, daß es eine vollkommen überflüssige und sogar gefährliche Thierquälerei ist.

Zähmung und Sprachunterricht sollten stets gleichzeitig erstrebt werden. Erachtet man indessen die erstre nicht für nothwendig, so kann man den Papagei sogleich in einen geräumigen Käfig setzen, während dies sonst erst in einigen Wochen geschehen sollte.

Zur Abrichtung ist außer den S. 104 angeführten Bedingungen vor allem Verständniß, liebevolle Theilnahme für die Vögel überhaupt, vornehmlich aber Ruhe und Geduld, erforderlich.

An jedem Morgen und Abend, besonders in der Dämmerung, sodann auch am Tage mehrmals, sagt man dem Papagei, nachdem man ihn, falls er schon schlummerte, in liebevollem Ton munter und aufmerksam gemacht, zunächst nur ein Wort laut und recht deutlich betont, wenn möglich immer in genau gleicher, klarer und scharfer, nicht schnarrender, lispelnder oder sonstwie schlechter Aussprache vor. Man wähle ein solches mit volltönendem Vokal, a oder o, und mit hartem k, p, r oder t und vermeide die Zischlaute, besonders sch und z. Die Lehrmeister in den Hafenstädten, bzl. schon die Matrosen auf den Schiffen, bringen den Papageien gewöhnlich die Worte Lora, Koko, Jako, Hurrah, Rorirora, wackre Lora, Papa u. a. m., bei. Die Erfahrung ergibt, daß jeder Papagei von einer ihm wol melodischer klingenden Frauenstimme leichter lernt, als von der rauhen eines Mannes, doch darf man keineswegs glauben, daß letztres garnicht geschehe.

Eine absonderliche Eigenthümlichkeit äußert sich bei manchem der großen sprachbegabten Papageien darin, daß er sich nur gegen Frauen liebenswürdig und für deren Unterricht empfänglich zeigt, jedem Mann gegenüber aber mehr oder minder bösartig. Ein solcher sog. Damenvogel kann unter Umständen höhern Werth haben, da er sich vornehmlich zum Geschenk eignet. Bei anderen Papageien ist es wiederum genau umgekehrt; sie sind „Herrenvögel". Die Annahme, daß die Damenvögel zumeist Männchen, die Herrenvögel Weibchen seien, ist durch die Erfahrung widerlegt.

Während der Sprachabrichtung ist der Vogel vorzugsweise gut zu behandeln, damit er zutraulich werde und besonders nicht bei jeder Annäherung eines Menschen erschrecke oder doch ängstlich und scheu sei, sondern recht ruhig und aufmerksam sich zeige, sodaß er vonvornherein mit einem gewissen Verständniß auf den Unterricht merke. Dieser sollte wirklich ein solcher und nicht eine bloße Abrichtung zum Nachplappern einzelner Worte sein; der Papagei muß eine bestimmte Vorstellung für das Gesagte erlangen, sodaß er sich der Begriffe von Zeit, Raum und anderen Verhältnissen und Dingen bewußt werde. Man sagt ihm früh "guten Morgen", spät "guten Abend" oder "gute Nacht" vor, ebenso "guten Tag" oder "willkommen" bei der Ankunft und "lebwohl" beim Fortgehen; man klopft an und ruft "herein"; man zählt ihm Leckerbissen zu: eins, zwei, drei, oder nennt ihm deren Namen, wie Nuß, Mandel, Apfel: man lobt ihn, wenn er artig und folgsam ist und tadelt ihn, wenn er sich eigensinnig zeigt oder nicht gehorchen will. All' dergleichen begreift ein begabter Vogel sehr bald, und es ist manchmal erstaunlich, mit welchem Scharfsinn und mit welcher Sicherheit er derartige Verhältnisse kennen und unterscheiden lernt. Auch bei der Abrichtung zum Nachsingen eines oder mehrerer Lieder, sowie zum Nachflöten von Melodien ist sorgsam darauf zu achten, daß der Unterricht, gleichviel ob er im letztern Fall bloß mit dem Munde oder mit einer Flöte ausgeführt werde, stets in gleicher Tonart geschehe; jeder unreine oder Mißton ist zu vermeiden.

Den sachgemäßen Sprachunterricht soll man wie

erwähnt mit leichten, einfachen Worten anfangen und allmählich zu schwereren übergehen. Erst wenn er ein Wort sicher aufgefaßt hat, darf man ihm das zweite vorsprechen. An jedem Tag, mindestens aber von Zeit zu Zeit, wiederhole man alles, was der Vogel bisher gelernt hat, gewissermaßen vom Abc an, und erst sobald man sich davon überzeugt, daß er alles noch taktfest inne hat oder nachdem man ihm dies oder das Entfallene wieder beigebracht, spreche man ihm Neues vor. Dabei vermeide man, nachzuhelfen, wenn der Vogel übt und inmitten des Wortes oder Satzes stecken bleibt; er würde dadurch leicht eine falsche, doppelsilbige Aussprache annehmen. Man warte vielmehr stets, bis er schweigt, und spreche ihm dann das betreffende Wort oder den Satz nochmals klar und scharf betont vor. Um ihn von häßlichen, widerwärtigen Redensarten, Worten oder Lauten überhaupt zu entwöhnen, unterlasse man es, über dergleichen zu lachen, denn das würde ihn nur dazu ermuntern, desto eifriger gerade solche Unarten zu üben — in gleicher Weise wie es bei Kindern der Fall ist. Nur dadurch kann er sie vergessen, daß sie in seiner Gegenwart niemals wiederholt oder auch nur erwähnt werden, daß man vielmehr, sobald er sie auszusprechen beginnt, ihn sofort mit einem andern, erwünschten Wort unterbricht und dies solange wiederholt, als er jene Unart ausübt. Nothwendig ist es, daß man sich sowol mit dem noch in der Abrichtung befindlichen als auch mit dem bereits tüchtigen Sprecher möglichst viel beschäftigt, eingedenk dessen, daß Stillstand in allen Dingen Rückschritt bedeutet, daß also bei mangelnder Uebung auch der beste, hochbegabte Vogel in Gefahr ist, „zurückzugehen", bzl. das Erlernte zu vergessen, zu verwildern oder wol gar stumpfsinnig zu werden und also an Werth zu verlieren. So, Schritt für Schritt lehrend, hat man die Gewähr, daß der Papagei wirklich ein tüchtiger Sprecher werde.

Die Begabung ergibt sich als außerordentlich verschiedenartig. Der eine Papagei begreift schwer, erfaßt ein neues Wort erst nach längrer Uebung, behält es dann aber auch und hat alles fest inne, was ihm überhaupt gelehrt worden; ein zweiter schnappt alles rasch auf, lernt ein Wort wol gar beim erstenmal nachsprechen, vergißt es jedoch leicht wieder; ein dritter nimmt gut auf und bewahrt zugleich ebenso; ein vierter lernt garnicht oder doch nur wenig; ein fünfter hat keine Anlage, Worte nachzusprechen, kann dagegen vortrefflich Melodieen nachflöten oder nachsingen; ein sechster ahmt das Krähen des Hahns, Hundegebell, das Knarren der Wetterfahne und allerlei andere wunderliche Laute täuschend nach, schmettert auch wol den Schlag des Kanarienvogels u. s. w., vermag aber ebenfalls kein menschliches Wort hervorzubringen. Eine Haupt=

aufgabe für den Lehrmeister ist es, daß er beizeiten die besondre Begabung eines jeden solchen Vogels entdecke und ihn derselben gemäß zur höchstmöglichen Ausbildung bringe. Für den Kenner und geübten Abrichter sprachbegabter Papageien liegt hierin gewissermaßen ein Maßstab zur Abschätzung, freilich nur für den Fall, daß er imstande ist, ein sichres Urtheil inbetreff eines jeden einzelnen Vogels zu gewinnen. Selbstverständlich steht an Werth der in der verschiedenartigen Begabung als dritter genannte Papagei hoch obenan, und bei sachverständiger Ausbildung kann derselbe einen außerordentlich bedeutenden Preis erlangen; ein derartiger reichbegabter Vogel kommt aber nur verhältnißmäßig selten vor. Als der zunächst stehende in der Werthreihe darf der ersterwähnte Papagei gelten, denn wenn seine Abrichtung auch größre Mühe und Ausdauer erfordert, so gewährt er doch den Vortheil, daß er dem vorigen nahezu gleichkommen kann. Der zweitangeführte Papagei könnte bedingungsweise einen fast ebenso hohen Werth, wie der dritte oder doch einen höhern als der erste erreichen, für einen Liebhaber nämlich, dem das immerwährende, ganz gleichmäßige Nachplappern einunddesselben Worte, bzl. derselben Redensarten, langweilig und zuwider wird. An den wechselnden, immer neuen Leistungen dieses dann ja auch reichbegabten Vogels, kann man viel mehr Vergnügen, als an denen anderer haben. Zu recht werthvollen Vögeln sind unter günstigen Umständen auch die Papageien auszubilden, welche ich als den fünften und sechsten genannt habe. Ihnen gegenüber kommt es vor allem darauf an, die absonderliche Seite ihrer Begabung mit Sicherheit zu ermitteln. Immerhin wird man also gut daran thun, daß man einem solchen Vogel, bei dem der Sprachunterricht auf große Schwierigkeiten zu stoßen scheint, hin und wieder eine Strofe vorflötet oder singt, und ihm, wenn er dieselbe auch nicht annimmt, ferner die Gelegenheit dazu gibt, den Hahnenschrei oder das Bellen eines Hundes oder auch das Lied eines Singvogels, insbesondre einen lauten, lebhaften Schlag, zu hören. Schließlich kann auch ein sorgfältig ausgebildeter, sog. Farenmacher, der freilich nur selten vorkommt, in allerlei erlernten drolligen Leistungen immerhin seinen dankbaren Liebhaber finden. Jeder Papagei, der bald, wol gar schon in den ersten Tagen des Unterrichts ein oder einige Worte annimmt, wird jedenfalls sich unschwer zum tüchtigen Sprecher ausbilden lassen; bei einem andern, der allen guten Einflüssen hartnäckig zu widerstreben scheint, muß der Abrichter ausreichendes Verständniß für sein absonderliches Wesen zu gewinnen suchen, um ihn dann in angemeßner Weise anzuregen, seine Begabung zu wecken und dieselbe auszubilden. Man behauptet, daß es Papageien gibt, die niemals rein und klar, sondern nur lispelnd, heiser oder schnarrend sprechen lernen; nach meiner Ueberzeugung liegt dies jedoch immer in der Schuld des Lehrmeisters. Uebrigens lasse man sich keinenfalls sogleich entmuthigen, wenn ein Papagei das oder die ersten Worte trotz des klarsten Vorsprechens undeutlich wiedergibt; dies ist nämlich anfangs bei den meisten der Fall, und erst nach mehr oder minder langer Uebung bringen sie das Wort voll und klar hervor.

Wohl zu beachten ist, daß selbst der vollständig eingewöhnte Papagei gegen jede Veränderung in der Fütterung und Wartung, in der Behandlung oder in den Wohnungsverhältnissen, überaus empfindlich sich zeigt; er kann bei solcher Gelegenheit so aufgeregt und verdrießlich werden, daß er für lange Zeit verstummt. Darin ist auch die Ursache dafür zu suchen, daß die meisten sprechenden Papageien beim Verkauf aus einer Hand in die andre zunächst keineswegs ihre werthvollen Eigenthümlichkeiten kundgeben, und hierin liegt es wiederum begründet, daß es kaum möglich ist, auf den Ausstellungen die hervorragendsten Sprecher zu prämiren; mindestens herrscht die Gefahr für die Preisrichter, eine Ungerechtigkeit zu begehen, indem nämlich der eine Sprecher sich bald in die neuen Verhältnisse findet und also seine Kenntnisse zeigt, während der andre, vielleicht weit werthvollere, hartnäckig sich weigert, das geringste hören zu lassen. Mancher hochbegabte und vorzüglich abgerichtete Papagei spricht niemals in Gegenwart eines Fremden, und da er infolgedessen einen geringern Werth hat, so sollte man vonvornherein jeden Papagei so abrichten, daß er durch die Anwesenheit fremder Personen sich nicht beeinflussen läßt.

Inbezug auf den Gesangunterricht der Papageien gab. Frau Baronin von Jena in meiner Zeitschrift „Die gefiederte Welt" den folgenden beherzigenswerthen Hinweis: Oft ist laut Anzeige ein sprechender Papagei verkäuflich, welcher auch „Lott' ist todt" oder „Eins, zwei, drei, an der Bank vorbei" oder einen noch viel schlimmern Gassenhauer singen kann. Unter fünfzig derartigen Anzeigen haben wir kaum eine vor uns, die ein andres als ein gemeines und unschönes Lied als Leistung des Vogels angibt. Da darf ich wol mit einer gewissen Berechtigung fragen, warum die Abrichter unserer gefiederten Lieblinge sich keine anderen, schöneren Aufgaben für diese Vögel stellen! Auf eine solche Frage erhielt ich den Bescheid, daß die Papageien meistens schon während der Seefahrt von den Matrosen abgerichtet würden, und daß sich der Liederschatz der letzteren eben nicht viel weiter erstrecke, als auf die todte Lotte u. drgl. Ob dies für alle Fälle richtig ist, lasse ich dahingestellt sein. Heutzutage, bei der starken Nachfrage und der im Großen betriebnen Einfuhr, müßte der Händler doch selbst für die Ausbildung der reichbegabten Vögel sorgen. Wieviele schöne Volkslieder besitzen wir! Sollten Weisen wie „Aennchen von Tharau", „Ach, wie ist's möglich denn", „Ich hatt' einen Kameraden" u. a. m. nicht ebenso leicht und erfolgreich dem Vogel zu lehren sein, wie der erwähnte gemeine und meistens zugleich unschöne Singsang? Wieviel lieber würde man einen solchen Papagei theurer bezahlen, als jenen erstern! Hoffentlich wird hierin bald eine Wendung zum Bessern eintreten.

Die großen Vogelhandlungen in den Hafenstädten lassen häufig Papageien, welche sie für vorzugsweise gelehrig halten, von gewissen, darin geübten und viel erfahrenen Leuten unterrichten, welche aber leider oft ungebildete Menschen sind, von denen die Vögel immer nur gemeine und unschöne Worte und Redensarten lernen, und zwar in breiter, häßlicher Aussprache, oft lispelnd, schnarrend oder sonstwie undeutlich, zuweilen auch mit einer häßlichen, schmutzigen Redensart verquickt. Beim Sprachunterricht verdient die Anregung der Frau Baronin von Jena sicherlich die gleiche Beachtung.

Folgendes bei den Händlern und Papageilehrern in den Hafenstädten nicht selten eingeschlagene Abrichtungs-Verfahren kann ich keinenfalls anrathen. Man verhängt den Käfig während der ganzen Zeit des Unterrichts mit einem Tuch, sodaß der Papagei (ebenso wie der junge Kanarienvogel im Gesangskasten) im Dunkeln sitzt und so bei Verhinderung jeder Störung und Zerstreuung ausschließlich auf seine Sprachstudien angewiesen ist. Für empfehlenswerther halte ich es, einen gezähmten, gesitteten und bereits sprechenden Papagei neben den wilden störrischen zu bringen. Als kluger Vogel wird er einsehen, daß dem Genossen nichts Böses geschieht, sich beruhigen und seine Wildheit manchmal bald ablegen, auch von jenem ungleich leichter die Nachahmung menschlicher Worte u. a. annehmen. Im Gegensatz dazu vermeide man es, beim Beginn des Unterrichts zwei oder mehrere rohe Papageien in einem oder in an einanderstoßenden Zimmern zu halten, weil sie sich gegenseitig stören und zum Kreischen aufmuntern.

Wer einen hervorragenden Sprecher vor sich hat, gelangt wol unwillkürlich zur wahren Begeisterung für das hochbegabte Thier. In solcher haben sich manche Schriftsteller dazu hinreißen lassen, gar sonderbare Schilderungen der Leistungen zu geben. „Nur zu oft," sagt Rowley mit Bezug hierauf, „hat man den Versuch gemacht, dem Vogel das volle, klare Verständniß der gesprochenen Worte beizumessen, ohne zu bedenken, daß die Parteilichkeit des Besitzers sich selber täuscht — denn der Wunsch ist oft der Schöpfer der Vorstellung". Die derartige überschwängliche Auffassung kann man vermeiden, wenn man einfach auf dem Boden der Thatsächlichkeit stehen bleibt. Man halte immer daran fest, daß der Papagei wol Verstand, aber nicht Vernunft in dem Maß wie der Mensch hat, daß er denken und auch urtheilen, aber nicht wie wir seelisch fühlen, empfinden kann. Es würde ein schweres Unrecht sein, wollte man behaupten, daß der Papagei die Worte bloß mechanisch nachplappern lerne, ohne eine Vorstellung von ihrer Bedeutung zu haben. Wie rührend weiß er zu bitten, wenn er einen Leckerbissen zu erlangen wünscht, wie ärgerlich kann er schelten, wenn er denselben nicht bekommt, wie jubelt er vor Freude, wenn seine Herrin nach langer Abwesenheit zurückkehrt und wie herzig ruft er willkommen! Beim Fortgehen wird er stets lebwohl und nicht willkommen sagen, und wenn Jemand anklopft: herein, wenn er etwas wünscht: bitte, und wenn er es erhalten: danke! Wie aufmerksam lauscht er auf den Unterricht und wie bezeichnend weiß er seiner Freude Ausdruck zu geben, wenn er etwas Neues gelernt hat! Das sind Thatsachen, die Niemand bestreiten kann, sondern Jeder bestätigen muß, der einen solchen Vogel genau beobachtet hat. Durch seine Sprachbegabung erhebt sich der Papagei nicht allein hoch über andere Thiere, sondern auch durch geistige Anlagen — nur der Hund dürfte ihm hierin gleichkommen — tritt er dem Menschen vorzugsweise nahe.

Mit dem Fortschreiten des Unterrichts ergibt sich selbstverständlich eine bedeutende Werthsteigerung. Ein Amazonenpapagei, den man im rohen Zustand für 15, 20, 24 bis 30 Mk. eingekauft hat, wird, wenn er ein oder zwei Worte spricht, mit der doppelten Summe, bei mehreren Worten mit 60 bis 75 Mk., bei einem oder einigen Sätzen aber bis 100 Mk. und bei weitrer Abrichtung steigend mit 300 Mk. und weit darüber, wol gar bis 1000 Mk., bezahlt.

Gesundheitspflege und Krankheiten.

Gesundheitspflege. Die Hauptaufgabe des Liebhabers muß es sein, einem solchen werthvollen Vogel in jeder Hinsicht ein so behagliches Dasein als irgend möglich zu schaffen. Dazu bedarf es aber nicht allein einer zweckmäßigen Wohnstätte, angemeßner und bester Fütterung, aufmerksamer und liebevoller Behandlung, sondern auch sorgsamster Gesundheitspflege. Die letztre bedingt vor allem, daß der Sprecher bewahrt werde vor jedem bedrohlichen Einfluß, namentlich Zugluft, Naßkälte, plötzlichen und starken Wärmeschwankungen, zu starker, strahlender Ofenhitze, sengenden Sonnenstrahlen, zu trockner, dunstiger, staubiger, mit schädlichen Gasen, Petroleumdunst u. a. erfüllter oder sonstwie verdorbner Luft, schlechtem oder unpassendem Futter, verunreinigtem Wasser, Unreinlichkeit und Vernachlässigung überhaupt; auch Tabaksrauch zähle ich dazu, obwol die Erfahrung lehrt, daß ein Papagei sich zuweilen an die schwüle, rauch- und dunstgeschwängerte Luft eines vielbesuchten Wirthshauses gewöhnen und darin lange Zeit ausdauern kann.

Einen Amazonenpapagei sollte man, selbst wenn er sich bereits seit Jahren in unserm Besitz befindet, auch bei gutem, windstillem Wetter niemals vor ein offenes Fenster stellen, weil dort Zugluft unvermeidlich ist. Will man ihn ins Freie bringen — und das ist ihm in der That sehr wohlthuend —, so darf es nur unter äußerster Vorsicht geschehen. Das Wetter muß warm und windstill sein, und dann muß man einen Ort wählen, an welchem er vor jeder Luftströmung, sowie gegen die unmittelbaren glühenden Sonnenstrahlen geschützt ist; ebenso ist Nachtluft und Nebel zu vermeiden. Oft erkrankt ein Papagei trotz aller Vorsorge an Schnupfen, Hals- oder Lungenentzündung, ohne daß man die Ursache feststellen kann. Da hat ihn wol kalter Zug getroffen, der aus einem Nebenzimmer beim Oeffnen der Thür oder aus einer unbemerkten Thür- oder Fensterspalte gerade nach der Stelle hinströmt, wo der Käfig steht. Jede Thür bringt beim Auf- und Zuklappen Zugluft hervor, welche manchmal auf weite Entfernung und nach einer Richtung hin, wo man es nicht erwartet, empfindlich wirkt. Für den Papageienkäfig, bzl. -Ständer, muß daher der Standort in jedem Zimmer mit großer Umsicht gewählt werden.

Am schlimmsten ergeht es dem Papagei gewöhnlich morgens beim Reinigen der Zimmer, wo er nicht allein der Zugluft, sondern auch der von aufgewirbeltem Staub erfüllten naßkalten Luft und namentlich zu schnellen Wärmeschwankungen ausgesetzt ist, indem beim Lüften der eisige Hauch einströmt, während der Vogel nicht genügend geschützt ist. Das Verdecken, selbst mit einem recht dicken Tuch, ist nicht ausreichend, man soll vielmehr den Käfig immer vor der Zimmerreinigung in eine andre, gleichwarme Stube bringen. Eine arge Erkältung, an die man kaum denkt, kann dadurch hervorgerufen werden, daß Jemand aus kalter, freier Luft oder aus einem ungeheizten Zimmer kommend, plötzlich an den Käfig tritt, wie dies beim Füttern wol geschieht. Wenn der Papagei dann plötzlich und anscheinend ohne Veranlassung schwer erkrankt, schiebt man es auf „die Weichlichkeit solcher Vögel", während von dieser doch, bei verständnißvoller Eingewöhnung und wirklich zweckmäßiger Pflege, garnicht die Rede sein kann.

Zu den schädlichsten Einflüssen gehört auch hohe, strahlende, trockne Wärme, vornehmlich in einem nicht genügend gelüfteten Zimmer, während der gesunde Graupapagei niedere Wärmegrade, selbst bis etwa 5 Grad Kälte, ohne Gefahr ertragen kann, wenn nur jeder schnelle Uebergang vermieden wird. Am zuträglichsten ist für ihn freilich gewöhnliche Stubenwärme, also 14 bis 15 Grad R.

Viele Papageienpfleger verhängen während der Nacht den Käfig mit einem Tuch. Man kann dies immerhin thun, namentlich bei frisch eingeführten, also noch nicht eingewöhnten Vögeln, ferner in einem Zimmer, das sich zur Nacht bedeutend abkühlt oder in welchem der Sprecher bis spät abends durch vielen Verkehr beunruhigt und gestört wird. Keinesfalls darf man den Vogel aber dadurch verweichlichen; man wähle also kein dickes wollenes Tuch; wenigstens benutze man für den Sommer nur ein ganz leichtes. Ich empfehle Sackleinewand oder sorgsam gereinigte Säcke von starkem Hanf oder drgl.; diese sind im Sommer nicht zu warm, während sie doch genügen, im Winter die Kälte abzuhalten; außerdem sind sie noch insofern besonders geeignet, als die Vögel nicht leicht, wie bei losen Woll= und Baumwollstoffen, Fasern abnagen und hinabschlucken können.

Vorzugsweise großer Sorgfalt bedarf die **Pflege des Gefieders**. In diesem bildet und sammelt sich **Federn= staub** oft in beträchtlicher Menge an, und auch deshalb muß der Papagei einen möglichst großen Käfig haben, damit er flügelschlagend den ganzen Körper ordentlich auslüften kann, wodurch der Staub entfernt wird. Andernfalls muß man ihn daran gewöhnen, daß er täglich auf dem beschriebnen Sitzplatz oberhalb des Bauers sich genügend ausschwinge; noch besser läßt man ihn auf dem Finger flügelschlagend sich auslüften. Hat man einen bissigen, unbändigen Vogel, den man nicht aus dem Käfig freilassen darf, oder der freiwillig nicht hervor= kommen will, so wende man zweckmäßige Federnpflege an. Wird der Federnstaub garnicht entfernt, so kann er durch Ver= stopfen der Poren Unterbrechung der Hautthätigkeit und damit Geschwüre, innere Krankheiten oder arges Jucken hervorbringen, welches letztre dann wol zu dem unseligen Selbstrupfen führt.

Die Händler benässen den ganzen Körper vermittelst des

Mundes entweder bloß mit lauwarmem Wasser oder mit solchem, unter das Rum oder Kognak gemischt ist. Der Liebhaber dagegen beginne eine sachgemäße Haut- und Gefiederpflege, sobald der Papagei sich nach der Ankunft völlig beruhigt und einigermaßen gut eingewöhnt hat, wozu er 4 bis 6 Wochen bedarf. Für gewöhnlich genügt ein Bad etwa alle vier Wochen einmal, bei heißem Wetter im Sommer aber, oder wenn der Papagei sich selbst rupft und eine volle Federnkur durchzumachen hat, muß das folgende Verfahren zweimal wöchentlich und im Ganzen 4 bis 6 Wochen hindurch angewendet werden. An zwei Tagen in der Woche (Montag und Donnerstag) in der Mittagstunde, wenn es gleichmäßig warm im Zimmer ist, durchpuste man dem Vogel mit einem kleinen Blasebalg die Federn gründlich bis auf die Haut. Anfangs wird er sich ängstigen, bald aber sich daran gewöhnen, denn es bringt ihm Wohlbehagen, sowol in der kühlenden Wirkung als auch in der Entfernung des Federnstaubs. An zwei anderen Tagen in der Woche (Mittwoch und Sonnabend) wird der Papagei, ebenfalls in der Mittagstunde, vermittelst einer kleinen Blumenspritze mit Siebtülle gründlich abgespritzt. Man nimmt reines stubenwarmes (s. S. 98) Brunnen- oder Flußwasser und mischt auf ein Wasserglas voll einen Kinderlöffel voll gutes, reines Glyzerin und ein Schnaps- oder Spitzgläschen voll guten Kognak dazu. Bei diesem Abbaden stellt man den Käfig mit dem Vogel ohne Schublade in eine Wanne und bespritzt ihn von allen Seiten, sodaß der ganze Körper gut benäßt wird. Auch hier wird der Papagei sich anfangs fürchten, doch bald daran gewöhnen. An heißen Sommertagen darf man als Bad auch einen Gewitterregen benutzen. In jedem Fall aber muß man den Vogel beim Baden und nach demselben gegen Erkältung, insbesondre durch Zugluft, sorgsam hüten; er muß also in Stubenwärme von mindestens 15 Grad R. stundenlang oder doch bis zum völligen Abtrocknen des Gefieders verbleiben; auch ist es rathsam, währenddessen den Käfig leicht zu verdecken. Mit diesem Baden allein ist aber die Gefiederpflege noch nicht erschöpft, sondern der Papagei muß auch zuweilen im **Sande paddeln** und sich darin abbaden können; die meisten thun es mit großem Eifer. Der Sand muß die S. 97 erwähnte gute Beschaffenheit haben und völlig trocken und staubfrei sein.

Bedingungsweise schon zu den Krankheiten gehört die **Mauser oder der Federnwechsel.** Die Erfahrung hat gelehrt, daß die großen Papageien bei uns keine regelmäßige alljährliche Mauser durchmachen, sondern daß die wohlthätige Erneuerung des Gefieders lange Zeit, oft Jahre, währt, und man hat es noch nicht feststellen können, ob dies naturgemäß begründet oder nur eine Folge unrichtiger Behandlung sei. Gleichviel aber — die Papageienpfleger müssen diesem Umstand Rechnung tragen. In der Regel bleibt nichts weiter übrig, als daß man, wenigstens bei älteren Papageien, die **alten festsitzenden Stümpfe** abgestoßener oder verschnittener Federn gewaltsam entfernt, doch muß dies mit großer Vorsicht und Sorgsamkeit geschehen. Man zieht, nöthigenfalls mit einer kleinen Kneißzange, alle vier bis sechs Wochen abwechselnd an der einen und dann an der andern Flügelseite und späterhin gleicherweise am Schwanz jedesmal einen Stumpf geschickt und rasch aus, und dabei muß man sich inachtnehmen, daß man den Vogel an der betreffenden Stelle oder sonstwo am Körper nicht drücke oder beschädige. Sollte die Stelle trotzdem blutig werden, so betupfe man sie mit einem Gemisch von je 1 Theil Arnika-Tinktur und Glyzerin mit 10 Theilen Wasser. Stärkere Blutungen, das sei hier gleich bemerkt, stillt man durch Bepinseln mit Eisenchloryd-Flüssigkeit (Liquor ferri sesquichlorati), 1 Theil mit 100 Theilen Wasser verdünnt, und Auflegen von frisch gebrannter Lunte aus reiner Leinewand. Auch beim Papagei muß man hartes, festes Anpacken (eigentlich Anfassen überhaupt) möglichst vermeiden, vor allem hüte man sich, eine frisch hervorsprießende Feder mit noch blutigem

Kiel abzubrechen oder auszuzupfen. Dadurch würde einerseits das Gefieder häßlich und andrerseits könnte die Gefahr einer starken Blutung und Entkräftung eintreten. Rathsam ist es, daß man das Ausziehen der Federnstümpfe, sowie jede andre schmerzhafte oder auch nur unangenehme derartige Behandlung niemals selber ausführe, sondern dies von einer fremden, jedoch durchaus zuverlässigen, nicht rohen und ungeschickten, sondern wenn möglich in dergleichen geübten Person thun lasse: Dieses Entfernen der Federnstümpfe muß jedoch nicht allein des schönern Aussehens wegen, bzl. um die möglichst baldige Erneuerung der Schwingen und Schwanzfedern an sich zu erreichen, geschehen, sondern es ist auch zur Erhaltung oder Herbeiführung des naturgemäßen Gesundheitszustands überhaupt nothwendig. Wenn der Papagei infolge der Einflüsse der Gefangenschaft lange Zeit im schadhaften Gefieder verbleibt, so liegen darin mancherlei Gefahren, und man sucht daher durch das Auszupfen der Federn eine künstliche Mauser hervorzurufen. Keinenfalls aber darf man das Auszupfen der Stümpfe zu früh, also bei einem noch nicht völlig eingewöhnten Vogel, unternehmen.

Auch vergesse man nicht, daß die jeder ausgezupften Feder entsprechende, am andern Flügel oder an der andern Schwanzseite befindliche, meistens von selber ausfällt, daß es also eine unnütze Mühe und Quälerei für den Vogel sein würde, wenn man z. B. die erste Schwinge an jedem Flügel zugleich ausziehen wollte. Behält ein alter Papagei ein tadelloses Gefieder jahrelang ohne Erneuerung, so ist es keineswegs nothwendig, etwa aus Vorsorge eine künstliche Mauser herbeizuführen; man lasse ihm vielmehr eine angemeßne Federnpflege (s. S. 122) zutheil werden, bei regelmäßiger und besonders nahrhafter Fütterung und Einhaltung aller übrigen Verpflegungsmaßregeln, die ich bereits angegeben. Bei abgezehrten und alten Vögeln geht der Federnwechsel immer am schwierigsten vor sich, und daher sollte man solchen Papagei im Beginn desselben, insbesondre wenn man ihn künstlich hervorgerufen hat, recht kräftig ernähren.

Ein gut gehaltner Papagei darf nicht vernachlässigte, unreinliche, verklebte, wunde und geschwürige Füße zeigen. Reinlichkeit, immer trockner Sand und häufiges Badewasser sind die besten Erhaltungsmittel; vor allem aber bedarf der Papagei naturgemäßer Sitzstangen (s. S. 80). Den etwa vernachlässigten Fuß reinigt man vermittelst einer weichen Bürste mit warmem Seifenwasser (doch ist dabei Erkältung sorgsam zu vermeiden) und bestreicht ihn dann mit verdünntem Glyzerin (1 : 10) oder dünn mit bestem Olivenöl. Die Krallen brauchen nur selten verschnitten zu werden, weil sie beim Papagei, der ausreichende Gelegenheit zum Klettern hat, nicht übermäßig wachsen; wird es nothwendig, so muß es mit großer Vorsicht geschehen.

Die Krankheiten. Anleitung zur Feststellung der Krankheiten und zum Beibringen der Heilmittel. Zum Schluß des Abschnitts Krankheiten werde ich eine Uebersicht der zur Heilung angerathenen Arzneien anfügen, einerseits nach den Benennungen, unter denen man sie in der Apotheke oder einer Droguen=Handlung zu fordern hat, andrerseits nach den Gaben, bzl. Verdünnungen oder Zubereitungen, in denen man sie bei dem kranken Vogel innerlich oder äußerlich anwenden muß. — Bei der Untersuchung, bzl. Beobachtung eines erkrankten Vogels hat man immer mit vorurtheilsfreiem Blick auf jedes Merkzeichen, sowie namentlich auf das Aussehen und die ganze Erscheinung des Vogels zu achten, ferner prüfe und untersuche man, wenn man meint, die Krankheit erkannt und festgestellt zu haben, nochmals recht ruhig und ohne Voreingenommenheit und erst, sobald man sich sicher überzeugt zu haben glaubt, beginne man mit der Anwendung eines Mittels. Die größte Schwierigkeit, insbesondre für den Anfänger und erst wenig erfahrnen Liebhaber liegt darin, daß man beim Lesen der Krankheitsmerkmale, eins nach dem andern, nur zu leicht zu der Meinung gelangt, man habe die richtige Krankheit vor sich, während man bei der nächsten wiederum annehmen muß, diese sei es. Ist es trotz sorgfältigster Prüfung des Vogels nicht möglich, eine bestimmte Krankheitsform mit Sicherheit festzustellen, so treffe man nur dem Zustand im allgemeinen entsprechende Maßnahmen. Zunächst gilt es zu ermitteln, ob die Krankheit fieberhaft ist, ob sie sich durch heißen Kopf, heiße Füße, beschleunigtes Athmen bei sonstiger Ruhe kundgibt. Ist dies zutreffend, so hat man vor allem für unbedingte Ruhe zu sorgen, jede Erregung des Vogels durchaus zu verhindern. Man füttert nur leicht verdauliche Nahrungsmittel, und wenn der Vogel wohlgenährt erscheint, auch nur knapp. Gewöhnlich äußert sich dann starker Durst, und man darf weder eiskaltes, noch „abgestandnes" oder stark erwärmtes Trinkwasser, sondern nur solches von Stubenwärme geben. Natürlich muß man das Wassertrinken auch beschränken, weil sonst leicht Durchfall und damit noch schwerere Erkrankung eintreten kann. Man reiche, wenn möglich aus der Hand, das Trinkwasser nur in bestimmter, verhältnißmäßig geringer Menge, und nicht maßlos, soviel der Vogel will. Ich gebe dann anstatt des Wassers lieber dünn gekochten Haferschleim, täglich mehrmals schwach erwärmt. Hat man den entzündlichen Zustand mit Bestimmtheit festgestellt, so darf man ohne Bedenken eine kleine Gabe von Chilisalpeter (Natrum nitricum dep.) hinzuthun. Glaubt man irgend eine Krankheit mit voller Entschiedenheit ermittelt zu haben, so wähle man zur Behandlung, bzl. zum Heilungsversuch von den vorgeschlagenen Mitteln das aus, zu welchem man das meiste Vertrauen hat, und wende es mit Umsicht und Verständniß nach der weiterhin in der „Uebersicht der Heilmittel und Arzneien" gegebnen Vorschrift an. Vor allem sei man nicht ungeduldig; nichts wäre schlimmer, als wenn Jemand in einsichtsloser Hast ein Mittel nach dem andern gebrauchen wollte, ohne dem vorhergehenden Zeit zur Wirkung zu lassen, oder wenn man wol gar alle Mittel, die bei einer

Krankheitsform als wirksam empfohlen werden, zu gleicher Zeit anwenden möchte.

Eine der größten Schwierigkeiten bei der Behandlung kranker Papageien tritt dem Liebhaber in der Art und Weise des Eingebens der Heilmittel oder Arzneien entgegen. Jedes Eingeben mit Gewalt birgt große Gefahr; es ist also soweit als irgend möglich zu vermeiden. — Eine große Anzahl Arzneien bringt man den Papageien am besten im Trinkwasser bei, und namentlich, wenn Durst vorhanden ist, hält dies nicht schwer, indem sie dann sogar Stoffe ohne weitres hinunternehmen, welche ihnen sonst widerwärtig sind. In ähnlicher Weise kann man Papageien auf dem in Wasser erweichten und wieder ausgedrückten Weißbrot (Weizenbrot, Semmel) Arzneien geben, die sie dann meistens gut verzehren. Ist man dagegen gezwungen, einem großen, starken, ungeberbigen Papagei ein Heilmittel mit Gewalt einzugeben, so muß er festgefaßt werden, damit er weder mit dem Schnabel, noch mit den Krallen verletzen kann. Sodann gibt man ihm in den Schnabel und in die Krallen je ein entsprechendes Hölzchen und sucht vorsichtig und geschickt das Arzneimittel von einer Seite aus oberhalb der Zunge hinunter in den Schnabel, bzl. Schlund tief hineinzubringen, richtet darauf den Kopf in die Höhe, spült vielleicht noch mit etwas Flüssigkeit nach, entfernt das Holz aus dem Schnabel und hält den letztern noch eine Weile zu, bis der Vogel die Arznei hinuntergeschluckt hat. Dies Verfahren ist sehr umständlich und mühsam, und kann, wie schon gesagt, leicht den Erfolg der ganzen Kur in Frage stellen, indem der sich heftig sträubende Vogel dabei immerhin gefährdet wird.

Erkrankungszeichen. Sobald ein Papagei seine bisherige Lebhaftigkeit und Munterkeit verliert, erscheint er krankheitsverdächtig; je mehr bewegungslos und traurig er dasitzt, um so besorgnißerregender ist sein Zustand. Ein Vogel, der bis dahin wild, stürmisch, unbändig sich zeigte und plötzlich zahm wird, ist fast regelmäßig schwer erkrankt und verloren. Für den aufmerksamen Blick ergibt sich heranziehende oder bereits eingetretne Krankheit sobann an matten oder trüben Augen. Sobald ein Papagei das Gefieder sträubt, insbesondre am Hinterkopf und Nacken, wenn er oft gähnt und mit dem Kopf schüttelt, den letztern in die Federn steckt, wie frierend zittert oder zusammenschauert, so sind das verdächtige Zeichen. Das seltsame Knirschen mit dem Schnabel, welches ein Papagei aus Unbehagen, manchmal sogar bloß aus übler Angewohnheit, hören läßt, sowie gesträubte Nackenfedern an sich, haben in der Regel nicht viel zu bedeuten. Ein Hauptkennzeichen der Gesundheit, bzl. des Unwohlseins, bildet weiter die Entlerung. Beim naturgemäß gehaltnen ganz gesunden Papagei besteht sie immer in zwei Theilen, einem dicklichen, schwärzlichgrünen in Würstchen- oder Wurmform und einem weißen, dünnen, schleimigen oder breiigen zugleich. Wenn beide breiig in einander verlaufen oder der eine überwiegt, die Entlerung entweder gleichmäßig grünlichgrau oder weißschleimig, wol gar wässerig wird, ist der Vogel nicht mehr vollkommen gesund. Ebenso ist Magerkeit, mit spitz und scharf hervorstehenden Brustknochen kein gutes Zeichen; der Unterleib sollte weder tief eingefallen sein, runzelig, mißfarbig, noch aufgetrieben, gedunsen, blasig oder gar entzündlichroth aussehen, ebensowenig aber auch wie mit einer Fetthülle belegt. Noch größre Sorge können uns die weiteren Merkmale schon eingetretner Krankheit einflößen. Als solche gelten nasse (laufende), schmutzige oder verklebte Nasenlöcher, ferner der schmatzende Ton, welchen ein anscheinend ganz gesunder Papagei am stillen Abend hin und wieder ausstößt, auf den dann wol bald öfteres Räuspern, Husten oder Schnarchen und beschwertes Athemholen mit offnem Schnabel folgt. Beschmutztes, nicht mehr sauber gehaltnes Gefieder ist immer krankheitsverdächtig; Verunreinigungen am Unter- und Hinterleib müssen stets als Zeichen schon eingetretner, nicht mehr leichter Erkrankung gelten. Wenn ein Papagei den eklen Drang hat, seinen eignen Koth zu fressen, so gehört dies zu den allerübelsten Krankheitszeichen.

Die Krankheiten der Luftwege oder Athmungswerkzeuge sind bei den Vogelliebhabern leider am bekanntesten. Schnupfen (Katarrh der Nasen-, Rachen- und Mundhöhle). Krankheitszeichen: Niesen, wäßriger oder schleimiger weißlicher oder gelblicher Ausfluß aus den Nasenlöchern, der sich in Krusten ansetzt, Thränen der Augen, Schlenkern oder Schütteln mit dem Kopf, wobei zuweilen Schleim ausgeworfen wird. Ursachen: Zugluft, eiskaltes Trinkwasser, plötzliches Sinken der Wärme und Erkältung überhaupt. Heilmittel: Trockne Wärme oder warme Wasserdämpfe, Einpinseln von erwärmtem reinem Oel, Auspinseln des innern Schnabels und Rachens mit Auflösung von chlorsaurem Kali oder auch Alaun- oder Tanninauflösung; Reinigen der Nasenlöcher und des Schnabels mit einer in Salzwasser getauchten Feder und dann Auspinseln mit Mandelöl oder verdünntem Glyzerin.

Katarrh der Luftröhre (auch Rachen-, Kehlkopf- und Halsentzündung). Krankheitszeichen: Heiserkeit, Husten, Aufsperren des Schnabels beim Athemholen, beschleunigtes Athmen, mit Pfeifen, Rasseln oder Röcheln, in schweren Fällen mehr oder minder starken Schleimausfluß aus dem Schnabel und den Nasenlöchern bei fieberhaftem Zustand und trockner Zungenspitze. Heilmittel in leichteren Fällen: Eingeben von Süßigkeiten wie Honig, auch wol Zuckerkand und reinem Lakritzensaft; Dulkamara-Extrakt, täglich zweimal; ferner gelinde Theer- oder Holzessigdämpfe einzuathmen [Zürn]; ferner Auspinseln des innern Schnabels bis tief in den Schlund hinein, auch der Nasenlöcher, mit Salicylsäurewasser; in sehr schweren Fällen Auspinseln bis tief in den Schlund mit Auflösung von chlorsaurem Kali oder Tannin, unter Zugabe von etwas einfacher Opiumtinktur. Linderungsmittel: verschlagner oder täglich mehrmals schwach erwärmter, ganz dünn gekochter Haferschleim, dagegen durchaus kein Trinkwasser, sondern Halten in feuchtwarmer Luft, bzl. Wasserdämpfe. In letzter Zeit habe ich bei derartigen Entzündungserkrankungen aller Athmungswerkzeuge mit großem Erfolg gereinigten Chilisalpeter (Natrum nitricum dep.) im warmen Getränk gegeben.

Heiserkeit durch Ueberanstrengung beim Sprechen, oder durch zu lautes Geschrei tritt zwar bei den Papageien kaum ein, nur bei den vorzüglichsten, zu einem oder mehreren Liedern abgerichteten Vögeln habe ich sie mehrmals beobachtet, und ich muß dann zur größten Vorsicht mahnen und rathen, daß man einen solchen Fall niemals leicht nehmen möge, weil daraus bald eine schwere Erkrankung sich entwickeln kann. Zunächst sind die vorhin beim Katarrh der Luftröhre gegebenen Rathschläge zu befolgen, und ein wenig Süßigkeit kann hier wol bessere Dienste leisten, als dort; zu reichlich Zucker gebe man nicht, weil er bei den Papageien, wie bei den Kindern leicht Säure erzeugt und dann Verdauungsstörungen verursacht. Hilft die Anwendung solcher leichten Mittel nicht, so ist es nothwendig, daß man die Ursache zu ermitteln und zu heben suche und ich bitte, wie vorhin angegeben zu verfahren. Heiserkeit und Kurzathmigkeit kann auch Folge zu großer Fettleibigkeit sein. Behandlung: Futterwechsel, selbst zeitweises Hungernlassen, Verabreichung von frischen, dünnen, grünen Zweigen zum Benagen und sodann Bewegung, indem man ihm einen geräumigen Käfig oder Gelegenheit gewähre, daß er oft aus dem Käfig heraus und sich frei bewegen könne. Bei Kurzathmigkeit als Asthma, d. h. einer in der Regel krampfhaften Erkrankung der Athmungswerkzeuge, ist wirkliche Abhilfe nur in Hebung der Ursachen zu finden. Milderungsmittel: lauwarmer Haferschleim mit ein wenig Zucker und darin auf ein Spitz- oder Schnapsgläschen voll

1—3 Tropfen einfache Baldrian=Tinktur und Halten des Vogels in möglichst gleichmäßiger, feuchtwarmer Luft (s. Wasserdämpfe). Im weitern beruht Kurzathmigkeit, und zwar meistentheils, in anderweitiger, schwerer Erkrankung der Athmungswerkzeuge, wie Lungen= und Kehlkopfentzündung, Lungenschwindsucht u. a. m. In allen diesen letzteren Fällen muß ich auf die Krankheitsfeststellung und Behandlung ver= weisen, welche ich weiterhin bei den einzelnen btrf. Krankheiten angeben werde. Gelegentlich kann es auch vorkommen, daß ein sonst gesunder Vogel anscheinend schwer, weil mit geöffnetem Schnabel, athmet, während darin durchaus keine Ursache zur Beängstigung liegt, er sperrt den Schnabel nur auf, weil er infolge der Witterung oder des starken Einheizens große Hitze hat, ohne daß ihm diese sogleich schädlich wird. — Husten ist wiederum meistens nur ein Krankheitszeichen. Bei allen bisher besprochenen krankhaften Zuständen der Athmungs= werkzeuge kann er eintreten. Bei seiner Behandlung ist im wesentlichen dasselbe zu beachten, was ich bei Heiserkeit, Kurz= athmigkeit, Athemnoth u. a. gesagt.

Lungenentzündung gehört zu den schwersten und ge= fährlichsten und leider auch häufig eintretenden Krankheiten der Papageien. Ursachen: Schroffer und starker Wärmewechsel, manchmal aber auch garnicht bedeutende, doch plötzliche Wärme= schwankung, ferner Zugluft, kaltes Trinkwasser und irgend= welche Erkältung überhaupt, auch Beherbergung während längrer Zeit in einem wenig oder garnicht gelüfteten Raum mit dumpfer, schwüler, unreiner, stickiger oder von Tabaks= rauch oder Gasdunst geschwängerter Luft. Erkrankungszeichen: Zunächst sitzt der Vogel traurig da, mit gesträubten Federn, und die Freßlust hört allmählich auf: ein fieberhafter Zustand ist wahrzunehmen an zeitweisem Zittern und bei näherer Untersuchung an wechselnder, auffallender Körperhitze; er= schwertes oder kurzes, schnelles, pfeifendes Athmen, mit auf= gesperrtem Schnabel, dann Husten, der dem Vogel augenscheinlich

Schmerz verursacht, zuweilen Auswurf von gelbem, wol gar mit blutigen Streifen vermischtem Schleim; trockne Zunge. Manchmal sind diese Zeichen nicht oder nur kaum zu bemerken und der Vogel erscheint noch gesund und munter, aber er läßt einen keuchenden und schmatzenden Ton hören, der besonders abends in der Stille auffällt, und gerade dies Krankheitszeichen verräth fast regelmäßig einen Zustand schwerer Erkrankung, so daß wir den bedauernswerthen Vogel fast immer als dem Tod verfallen ansehen müssen. Heilverfahren: er wird vor jeder Aufregung und Beängstigung bewahrt. Dabei muß er sich in möglichst gleichmäßiger, keinenfalls plötzlich schwankender, auch nicht zu starker und namentlich nicht trockner Wärme befinden, die Luft muß rein, besonders nicht staubig oder kohlensäurereich sein. Auch bei dieser Erkrankung sucht man eine feuchtwarme Luftumgebung dadurch hervorzubringen, daß man den Käfig mit Blattpflanzen umstellt und die letzteren häufig mit stubenwarmen Wasser bespritzt; dann muß auf hohe Wärme von 20—24 Grad gesehen werden, weil durch das Verdunsten des Wassers bekanntlich Kühle verursacht wird. Oder es müssen Wasserdämpfe (s. diese) angewandt werden. Die Fütterung ist knapp zu halten, wenigstens solange, bis die Entzündung gehoben ist. Man gibt gereinigten Salpeter im Trinkwasser oder noch besser Chilisalpeter. Ist bei der Lungenentzündung Ausfluß aus den Nasenlöchern vorhanden, so reinige man dieselben vermittelst einer in Salzwasser getauchten Feder und pinsele sie dann mit erwärmtem Olivenöl oder verdünntem Glyzerin ein. Zürn empfiehlt auch bei allen Entzündungen der Luftwege (Katarrh der Luftröhre und Lungenentzündung) Theerdämpfe und Treskow Dämpfe von Alaunauflösung oder Tanninauflösung; doch ist das Einathmen solcher Dämpfe nach meinen Erfahrungen nur mit äußerster Vorsicht und vollem Verständniß anzuwenden.

Lungenschwindsucht oder Lungentuberkulose ist meistens in denselben Ursachen, aus denen Lungenentzündung

u. a. entsteht, begründet; sie kann auch eine Folge dieser letztern sein. Leider tritt auch sie häufig und in mannigfaltigster Weise auf, indem die verderbenbringenden Geschwürchen sich nicht allein in der Lunge, sondern auch in Leber, Herz, Herzbeutel, Milz, Nieren, Magen, Eierstock, Därmen u. a. m. entwickeln. Krankheitszeichen: verhältnißmäßig rasch vorwärts schreitende Abmagerung und sodann Geschwülste an den verschiedensten Körpertheilen; außerdem die meisten der bei Lungenentzündung angegebenen Krankheitszeichen. Heilung, sobald erst wirklich Tuberkulose, also Geschwürchenbildung und wie sie der Volksmund nennt, Abzehrung eingetreten, ist leider unmöglich, wenigstens nach dem Stande unsrer bisherigen Kenntniß. Abwehr-, bzl. Abwendungsmittel und -Wege: sorgfältiges Fernhalten aller bei den vorher besprochenen Erkrankungen der Luftwege angeführten Ursachen. Uebrigens beruht die Behauptung, daß die Tuberkulose der Vögel, besonders der Papageien, auf die Menschen übertragbar, also ansteckend sei, durchaus nur auf Irrthum.

Diphteritis und Kroup (diphteritisch-kroupöse Schleimhautentzündung, volksthümlich: Bräune, Rotz, gelbe Mundsäule, gelbe Knöpfchen, Schnörgel u. a. genannt) wird durch pflanzliche Schmarotzer, Kugelspaltpilze, Gregarinen oder Psorospermien bezeichnet, hervorgerufen. Es sind mikroskopische Lebewesen, welche neuerdings meist für pflanzliche, herdenweise auftretende und verschiedene schwere Krankheitserscheinungen an Menschen und Thieren verursachende Geschöpfe angesehen werden. Krankheitszeichen: Husten, Niesen, schweres Athmen bei geöffnetem Schnabel, Kopfschütteln, Schlingbeschwerden, Luftschnappen, zunehmende Athemnoth unter Schnarchen und Röcheln, sodann als namentlich kennzeichnend: Auswurf von süßlichriechendem Schleim, zunehmende Mattigkeit, Sitzen am Boden, flügelhängend und mit geschlossenen Augen (zugleich fast immer Darmkatarrh mit wäßrigschleimigen Auslerungen), dann Zittern, Schüttelfrost und Durst. Sitz der Krankheit sind die Schleimhäute des Rachens, Kehlkopfs, der Luftröhre, der Bronchien und des Darms, auch die Nasenschleimhäute, Bindehäute und Hornhaut der Augen. Aus den Nasenlöchern quillt gelbe, schleimige, schmierige Flüssigkeit, die sich in dunkelgelben oder bräunlichen Krusten festsetzt; die Augenlider schwellen an und werden verklebt. Gewöhnlich währt die Krankheit 2—3 Wochen, doch zuweilen auch 60—70 Tage. Vorbeugungsmittel: Untersuchung jedes neu angeschafften Vogels und Absonderung zur Beobachtung, strengste Absonderung jedes erkrankten Vogels, also Verhinderung der Berührung desselben oder seiner Aussonderungen mit anderm noch gesunden Gefieder, gleichviel welchem, sofortige Vernichtung jedes gestorbnen Vogels durch Verbrennen oder tiefes Vergraben, sorgfältigste Reinigung der Käfige und Geschirre durch Ausscheuern mit Karbolsäurewasser, dann Ausbrühen mit heißem Wasser. In der Regel ist jeder Heilungsversuch vergeblich, dennoch muß ich die bis jetzt vorgeschlagenen Heilmittel wenigstens anführen: Eingeben von Karbolsäure im Trinkwasser und Bepinseln oder Besprengen vermittelst des Verstäubers der erkrankten Schleimhautstellen mit derselben. Die Krusten müssen mit mildem Fett erweicht, nicht mit Gewalt fortgerissen werden. Auch Höllenstein-Auflösung zum Pinseln und dann Nachpinseln mit Kochsalz-Auflösung, selbst Jod-Tinktur, für die Augen Salicylsäure-Wasser oder Auflösung von Kupfervitriol oder Tannin-Auflösung; innerlich gibt man chlorsaures Kali täglich dreimal und äußerlich pinselt man mit solchem. Immerhin bleibt es rathsam, nicht nur den todten, sondern auch jeden von dieser unheilvollen Krankheit ergriffenen Vogel, sobald man sich davon überzeugt hat, daß er wirklich an derselben erkrankt ist, schleunigst zu tödten und zu vernichten.

Erkrankungen des Magens und der übrigen Eingeweide. Während die hierhergehörenden verschiedenartigen Krankheitserscheinungen dem Vogelpfleger immer am häufigsten entgegentreten, haben wir doch gerade bei vielen von ihnen weder hinsichtlich der Erkennung, bzl. Unterscheidung und Feststellung, noch der Heilung bis jetzt sichre Gewähr;

wir können uns vielmehr bei diesen Krankheiten wie bei den vorigen hauptsächlich nur an das halten, was bisher die Erfahrung ergeben hat.

Verdauungsschwäche: mangelnde Freßlust, nicht naturgemäße Entlerung in mißfarbnem, braunem, festem oder auch breiigem, meistens übelriechendem Koth, Trägheit und Schwäche. Krankheitsursachen: unrichtiges oder unpassendes Futter und dadurch hervorgerufne üble Beschaffenheit der Galle und der Verdauungssäfte. Zunächst werden bei dieser Erkrankung gewöhnlich einige Hausmittel angewandt; man reicht verändertes, leichtes Futter, auch ein wenig Grünkraut oder vielmehr dünne grüne Zweige von Weide, Pappel, Haselnußstrauch oder Obstbäumen, sodann etwas Kochsalz im schwach erwärmten Trinkwasser oder besser in solchem, ganz dünnem Haferschleim. Auch leistet ein Theelöffel voll Rothwein, lauwarm, täglich zwei- bis dreimal gegeben, gute Dienste. Zur Anregung bietet man ein wenig Süßmandel oder Wallnuß.

Verdauungsstörungen und in Folge derselben Magen- und Darmentzündung (Magen- und Darmkatarrh, auch Unterleibsentzündung) kommen leider häufig und in mancherlei verschiedenartiger Erscheinung bei allen Vögeln vor. Erkrankungsursachen: irgendwie verdorbnes, sauer oder faulig gewordnes und unpassendes, unzuträgliches Futter, Fressen irgendwelcher anderen schädlichen, ätzenden, giftigen Stoffe, doch auch zu frischer Sämereien, Fressen von nicht zuträglichen Pflanzen auf dem Blumentisch, Ueberfressen an Leckereien, sodann, wenn auch glücklicherweise selten, Hinabschlucken von Metall, Knochen, Glas, spitzen Steinchen u. a. m., schließlich aber auch eiskaltes Trinkwasser, Erkältung des Unterleibs, eiskalter Luftzug, welcher aus einer Ritze u. a. her gerade den Unterkörper trifft; im übrigen kann sich derartige schwere Erkrankung auch aus der vorhin besprochnen Verdauungsschwäche entwickeln. Krankheitszeichen außer den allgemeinen Merkmalen: mattes Auge, Dasitzen mit gesträubtem Gefieder, wol gar hängenden Flügeln und schlaff herabhängendem Schwanz, mangelnde Freßlust und Durst, Würgen und Erbrechen, Herunterbiegen des Unterleibs und Wippen mit dem Schwanz beim Entleeren, vor allem aber abweichende (schleimige und mehr oder weniger dünne oder breiige, gleichmäßig grüne bis schwärzlichgrüne, weißgrünliche oder chokoladenfarbige bis blutige, zuweilen, wenn sie auf die Hand fällt, sich förmlich heiß anfühlende, auch wol sauer= oder übelriechende) Entleerung, Schüttelfrost und Hinfälligkeit; der Vogel sitzt fortwährend am Futternapf und sucht umher, ohne wirklich zu fressen; bei sehr schwerer Erkrankung erscheint der Unterleib aufgetrieben, geröthet oder blau und heiß anzufühlen. Heilmittel je nach der Krankheitsursache: verändertes und vor allem zuträgliches Futter, Ruhe und Wärme, warmer Breiumschlag auf den Unterleib, auch wol handwarmer Sand, der jedoch dauernd gleichmäßig warm gehalten werden muß; sodann: Salicylsäure= oder Tannin=Auflösung, Glaubersalz zum Abführen oder bei Durchfall einfache Opiumtinktur, auch Rothwein und in den schwersten Fällen Höllenstein=Auflösung; bei innerlichen Verletzungen, Hinabschlucken von Metall u. a.: Leinsamen=, Hafergrütze= oder andrer Schleim, mit wenig mildem Oel oder Reiswasser, gebrannte Magnesia in Wasser angerieben u. a. Durchaus zu entziehen sind: Grünkraut, bzl. grüne Zweige, Obst, erweichtes Weißbrot und jedes Weichfutter überhaupt. Anstatt des Trinkwassers soll man nur ganz dünnen lauwarmen Haferschleim geben. Badewasser darf man garnicht reichen. Auch darf man den kranken Vogel währenddessen nicht abspritzen. — Die bereits S. 134 erwähnten Gregarinen können auch eine Darmentzündung verursachen, welche sich in heftigem Durchfall, baldiger großer Hinfälligkeit und raschem Sterben kennzeichnet. Um sie festzustellen, muß man die Entleerungen mikroskopisch untersuchen. Bei bereits eingetretner Krankheit sind Heilmittel kaum mehr wirksam, doch darf man unterschwefligsaures Natron und Salicylsäure=Auflösung anwenden; s. auch weiterhin

Gregarinose. Bei allen derartigen übertragbaren oder an=
steckenden Krankheiten kann man natürlich garnicht vorsichtig
genug sein.

Der Durchfall (Diarrhöe) ist im wesentlichen nur eine
Krankheitserscheinung, und als solche kann er von der geringsten
Verdauungsstörung bis zu der vorhin besprochnen Magen= und
Darmentzündung in allen ihren verschiedenen Erscheinungen
eintreten. Bei jedem Papagei sollte man stets sorgfältig auf
die Entleerungen achten, denn dieselben dürfen gleichsam als
ein hauptsächlicher Grabmesser der Gesundheit wenigstens im
allgemeinen angesehen werden; ich bitte S. 128 unter Er=
krankungszeichen und S. 136 bei Magen= und Darmentzündung
nachzulesen. Kleben die Federn am Hinterleib zusammen, zeigt
sich die Entleerungsöffnung und mehr oder minder auch der
Unterleib beschmutzt, die erstre wol gar aufgetrieben und ent=
zündet, so ist schon eine schwere Krankheit eingetreten. Dann
hört die Freßlust auf, während der Kropf gefüllt bleibt, weil
die Verdauung unterbrochen ist, und großer Durst läßt zugleich
einen entzündlichen Zustand erkennen. Müssen wir Durchfall,
ohne daß es gelingt, eine bestimmte, eingetretne Krankheit fest=
zustellen, an sich behandeln, so können wir als Heilmittel zu=
nächst nur Wärme, sodann am besten dünn gekochten Hafer=
schleim, doch auch kohlensaure Magnesia in Wasser angerieben,
Reis= u. a. Schleim, anwenden. Wenn der Durchfall sehr
stark ist, unter vielmaliger täglicher wäßriger Entleerung, so
gibt man besten französischen Rothwein, nicht leichten rothen
Landwein (schon um den Vogel zu stärken und seine Körper=
kraft zu erhalten), in den schlimmsten Fällen mit einfacher
Opiumtinktur, auch wol Tannin= oder Höllenstein=Auflösung.
Der After und Hinterleib überhaupt wird täglich ein= oder
mehrmals vermittelst eines weichen Schwämmchens mit warmem
Wasser gereinigt und mit erwärmtem Oel bestrichen. Zum
Getränk darf man kein Wasser, sondern nur den erwähnten
Haferschleim, und zwar dreimal im Tage frisch erwärmt, geben.

Bei breiiger Entlerung, welche sauer riecht oder eine Schärfe zeigt und die Umgebung des Afters wund macht, kann man auch doppeltkohlensaures Natron geben. Gelinder Durchfall wird am besten durch Futterwechsel gehoben, indem die stockende oder gestörte Verdauung dadurch gelinden Anreiz erhält und meistens wieder in guten Gang kommt. Vor schwerverdaulichen oder auch ungewohnten Nahrungsmitteln muß man die Vögel währenddessen bewahren. — Ruhr, bzl. jeder ruhrartige Zustand läßt sich an starkem Drängen und Schwippen mit dem Hinterleib erkennen; die Entlerung ist zähschleimig und -breiig, bei schwerer Erkrankung schwärzlichröthlich und dann auch bald blutig. Die Ruhr mit Opiumtinktur u. a. ohne weiteres zu stopfen, würde meistens tödtlich wirken; man gibt vielmehr Rizinusöl oder ein Gemisch von diesem und Olivenöl in dünnem Haferschleim oder auf altbacknem, in Wasser erweichtem und wieder gut ausgedrücktem Weizenbrot (Semmel), oder auch wäßrige Rhabarbertinktur und bringt dem Vogel täglich Oelklystire bei (zu welchen ich weiterhin bei der Verstopfung Anleitung geben werde). Zum Getränk reicht man dünn gekochten Haferschleim und zugleich reinigt man den Unterleib mit warmem Wasser und bestreicht ihn mit ebensolchem Oel. Von der eigentlichen Ruhr verschieden ist schwere Erkrankung an Blutentlerung, bei der man mit der Gabe von Opiumtinktur zunächst gleichfalls sehr vorsichtig sein muß. Ich gebe anfangs und solange die Entlerungen nicht stark und häufig sind, nur 3 bis 5 Tropfen von dem Oelgemisch, und dann erst suche ich die eigentliche Heilung durch Opiumtropfen (Tinct. opii spl. 1, Tinct. aromat. et Tinct. valer. aeth. āā 5; s. ein- bis zweimal täglich 5 Tropfen in 1 Theelöffel voll bestem Rothwein) zu erreichen. — Kalkdurchfall (Kalkmisten, Kalkschiß) ist wahrscheinlich mit dem Typhus oder seuchenhaften Typhoïd des Geflügels übereinstimmend; Ursache: Mikrokokken und Bakterien, also mikroskopische, pflanzliche Schmarotzer, welche sich sehr leicht übertragen, bzl. ansteckend wirken; er zeigt sich insbesondre bei frisch eingeführten Papageien leider häufig. Krankheitszeichen: starker Durchfall mit Entlerungen von dünnem, weißgelbem Schleim, welche dann grünlich werden und den Unterleib stark beschmutzen, mangelnde Freßlust, mattes Dasitzen mit hängenden Flügeln, Hinfälligkeit, manchmal auch Erbrechen von dünnem, grünlichem Brei, starker Durst, Zittern, hochgesträubte Federn, Taumeln, Tod unter Krämpfen. Vorbeugungsmittel: Absonderung jedes erkrankten Vogels, sorgsamste Desinfektion (insbesondre Waschen mit Chlorwasser) und äußerste Reinlichkeit überhaupt. Im übrigen ist Heilung kaum möglich, und ich bitte dringend, hier ganz besonders das zu beachten, was ich bei den ansteckenden Krankheiten inbetreff der Behandlung, namentlich aber hinsichtlich der weitern Ansteckung, gesagt habe. — Als ein vorzügliches Heil- oder doch Linderungsmittel bei allen diesen zuletzt erwähnten Erkrankungen der Verdauungs- und Unterleibsorgane überhaupt, selbst wenn sie entzündlicher Natur sind, ist immer heißer Sand zu erachten. Allerdings bedarf es, um ihn anwenden zu können, besonderer, passender Vorrichtungen, sobaß er andauernd immer gleichmäßig erhitzt, d. h. nur handwarm ist. Der Vogel wird entweder ohne weitres auf den bloßen Sand oder besser auf einer Unterlage von Wollenzeug unter eine Drahtglocke gesetzt. Wenn irgend möglich muß der Sand für lange Zeit, mindestens aber 6 bis 24 Stunden, gleichmäßig warm bleiben, und zugleich darf er die Blutwärme (38,$_5$° C.) des menschlichen Körpers keinesfalls überschreiten.

Die Verstopfung ist nur eine Krankheitserscheinung und vornehmlich in Verdauungsstörungen oder auch in Fettsucht, Eingeweidewürmern u. a. begründet. Krankheitszeichen: Drang zum Entleeren, dabei Wippen mit dem Hinterleib, Dasitzen mit gesträubten Federn, Traurigkeit, Mangel an Freßlust, beschmutzter und verklebter After. Wirklich wirksame Heilmittel können immer nur solche sein, welche die eigentliche Krankheit, bzl. deren Ursachen, heben. Heilmittel bloß gegen die Verstopfung:

zunächst der Versuch mechanischer Entlerung; bereits beim Ab=
waschen des beschmutzten Hinterleibs und der verklebten Federn
mit lauwarmem Wasser tritt zuweilen eine plötzliche, massen=
hafte Entlerung ein; noch besser wirkt ein sog. Klystir, d. h.
das Hineinbringen eines in erwärmtes Oel getauchten Nadel=
kopfs in die Entlerungsöffnung. Auch ein wirkliches Klystir
vermittelst einer feinen Gummiballspritze mit dünner rundge=
schmolzner Glasröhre als Spitze oder mit gleicher gläserner
Spritze, thut gute Wirkung, indem man dem Vogel einige
Tropfen von dem Oel oder auch nur bloßes lauwarmes Wasser
beibringt. Dazu gehört freilich Geschick. Wenn man dabei
einem weiblichen Vogel die Spritzenspitze irrthümlich in den
Eileiter oder die Legeröhre führt, so thut ihm das allerdings
nicht leicht Schaden; aber jede Verletzung ist sorgsam zu ver=
meiden. Bei hartnäckiger Verstopfung gibt man: Rizinusöl
3 bis 5 Tropfen in Hafer=, Leinsamen= oder irgendwelchem
andern Schleim oder auch wol auf erweichtem und gut aus=
gedrücktem Weißbrot ein.

Hierher gehört auch die unheilvollste aller Vogelkrankheiten
überhaupt: die Sepsis (Blutvergiftung, Hungertyphus oder
Faulfieber), an welcher alljährlich viele Hunderte, zuweilen
sogar Tausende werthvoller fremdländischen Vögel, darunter
leider auch viele Amazonen, zugrunde gehen. Die Vögel kommen
anscheinend kerngesund, namentlich volleibig, munter und mit
klaren Augen in Europa an, sind aber in 8 Wochen, meistens
viel früher, oft schon in 8—14 Tagen, selten dagegen noch
später, dem Tod verfallen, und zwar am ehesten bei Dar=
reichung von Trinkwasser (welches ihnen infolgedessen von den
Händlern gewöhnlich vorenthalten wird). Krankheitser=
scheinungen: Sträuben des Gefieders, insbesondre im Nacken,
Kopfschütteln, zeitweises Schnabelaufsperren und Gähnen, mattes,
trauriges Dasitzen, Verändrung der nackten Haut um die
Augen, vom reinen Weiß bis zum düstern, bläulichen oder
gelblichen Grau, Verschmähung der Nahrung, Schnupfen,

Husten mit Ausfluß aus einem oder beiden Nasenlöchern und
Anschwellen derselben; sodann Schnarchen oder Röcheln beim
Athemholen; die Entlerungen werden schleimig, klebrig, weiß
mit grünlichen Streifen untermischt und übelriechend; manch=
mal, doch nicht immer, Erbrechen und Durchfall, zuweilen nur
letzterer; sodann Athemnoth; der Vogel magert in kürzester
Frist staunenswerth ab und zeigt ein bemitleidenswerthes
Jammerbild; darauf tritt Taumeln und Tod, oft unter großer
Qual, ein. Durch die Untersuchungen seitens hervorragender
Aerzte, sowie durch meine eigenen, sind als Erkrankungs=, bzl.
Todeserscheinungen festgestellt worden: dunkles, dickliches Blut
ohne feste Gerinnsel, zahlreiche, punktförmige Blutaustretungen
auf Lunge, Herzbeutel und an den Hirnhäuten; Tuberkeln
(Geschwürchen), am meisten in der Leber, aber auch in Lunge
und Herz; gelbliche, faserige Ausschwitzungen auf der Lunge
und Leber; zerstreute, rothe Entzündungsherde in den Lungen;
hellgelbe, keilförmig gestaltete, festere Ausschwitzungen in dem
Stoff der Leber; oft auch große, mürbe, violettrothe oder ganz
bleiche, wachsgelbe Leber; große Ausschwitzungsmassen, zuweilen
sogar Schimmelpilzbildung innerhalb der Brusthöhle, zu beiden
Seiten der Lunge; dazu Magen= und Darmkatarrh, und als
den Zeitpunkt des Absterbens bezeichnend, Erstickungser=
scheinungen, nämlich Blutüberfüllung der Lungen und des
venösen Blutkreislaufs des rechten Herzens, der großen Hals=
venen und der Venen der weichen Hirnhaut. Die der sauligen
Blutzersetzung eigenthümlichen Bakterien (Bacillen) ergeben
mit Sicherheit: Jauchevergiftung, also Sepsis. Diese Fäulniß=
Organismen, wenn sie nur in geringer Menge vorhanden sind,
kann der Körper wieder ausscheiden, sobald er genügend Sauer=
stoff zum Athmen hat, da gerade die Bakterien der Sepsis
durch Sauerstoff zerstört und nur beim Mangel an demselben
gebildet werden. Die unselige Krankheit ist aber äußerst giftig
und überträgt sich leicht; daher sehen wir die Erkrankung aller
zusammen angekommenen Vögel, sobald ein einziger, der Seuche

verfallener darunter war. Auch können die Entlerungen noch nach Monaten ansteckend wirken. Vorgeschlagene Heilmittel: Chlorflüssigkeit, Karbolsäure, Salicylsäure, salicylsaures Natron, Tannin, Ergotin, Chinin, Phosphorsäure und phosphorsaure Salze, Schwefelmilch, selbst Quecksilbersublimat und Arsenik und noch viel andres zum Eingeben, ja sogar in subkutanen Einspritzungen. Nur der Vollständigkeit halber mußte ich hier die mit mehr oder minder großem Erfolg angewendeten Heilmittel allesammt aufzählen; zur Selbstanwendung für den Liebhaber, der doch nicht immer zugleich Kenner sein kann, darf ich dagegen nur als im wesentlichen stichhaltig Salicylsäure empfehlen, auf deren Anwendung ich weiterhin sehr eingehend zurückkommen werde. Liebhaber und Händler in England setzten ihr ganzes Vertrauen auf Heilung vermittelst Kayenne-Pfeffers. Alle Händler aber suchen den Ausbruch der unheilvollen Krankheit ganz oder doch eine Zeitlang dadurch abzuwenden, daß sie das Trinkwasser entziehen und den großen Papageien nur in Kaffee oder Thee erweichtes Weißbrot oder nur Kaffe geben. Hier und da hat man Gleiches mit bloßer reiner Milch versucht, und mit dieser werden in neuerer Zeit wiederum derartige Heilversuche gemacht. In einzelnen Fällen ist dies auch wol gelungen, denn es sind Beispiele bekannt, in denen sich ein solcher Vogel Jahre hindurch auch ohne Wasser am Leben erhalten hat. Manche Papageien überwinden bei derartiger Behandlung die tief wurzelnde Krankheit, lassen sich mit dem erweichten Weißbrot an Mais und Hanf bringen, erstarken und genesen und sind späterhin ohne Gefahr auch an Wasser zu gewöhnen. Beiweitem die größte Anzahl aber, alle noch ganz Jungen oder Kränklichen und Schwächlichen, gehen dabei unrettbar zugrunde. Im übrigen liegt in der Wasserentziehung eine arge Thierquälerei; am besten kann man dies daran ersehen, mit welcher Gier die bedauernswerthen Vögel über das ihnen gebotne Getränk herfallen und welch' augenscheinliches Labsal es ihnen gewährt, auch wenn es ihnen zugleich den Tod bringt. Erklärlicherweise habe ich es mir persönlich angelegen sein lassen, Versuche anzustellen, um nicht allein Erfahrungen zu gewinnen, sondern vor allem um, wenn irgend möglich, einen sichern Weg zur Heilung der bedauernswerthen Vögel aufzufinden.

Am schlimmsten daran unter allen kranken Papageien sind zweifellos die infolge kenntnißloser oder auch muthwillig naturwidriger Ernährung, also durch mehr oder minder lange Fütterung mit allerlei menschlichen und anderen für die Vögel nicht geeigneten Nahrungsmitteln einerseits oder infolge übelster Behandlung während der Seereise andrerseits oder schließlich auch durch Ansteckung mit Sepsis erkrankten. Ueber die Sepsis an sich, wie sie im akuten Zustande, also unmittelbar ausbrechend, auftritt und behandelt werden muß, habe ich soeben gesprochen; hier erübrigt es nur noch, auf einen **chronischen Zustand**, der infolge dieser unseligen Seuche bei längst eingewöhnten und wol gar den allervortrefflichsten Papageien leider nur zu häufig vorkommt, näher einzugehen — nämlich eine **Folgekrankheit der Sepsis**. Bei einem anscheinend gesunden Sprecher bilden sich Geschwürchen von der Größe eines Hirsekorns bis zu der einer Pflaume und an den verschiedensten Körpertheilen, so vornehmlich rings um den Schnabel in der Wachshaut, im Halse, Kehlkopf, Schlunde, an der Zunge, am Auge u. a. Je nachdem, wie dies Gebilde sich nun mehr oder minder entwickelt, kann es natürlich die mannigfaltigsten Leiden hervorbringen. Wird keine eingreifende Kur begonnen, so ist der Vogel in der Regel verloren, denn er geht an solchem Geschwür, zumal wenn es an einem edlen Theil steht, durch Ersticken, Verhungern oder in andrer Weise zugrunde. In letzter Zeit habe ich mit großem Glück die **Salicylsäure-Kur** angewandt. Man taucht die Flasche mit der Auflösung (f. Salicylsäure) vorsichtig, nachdem sie entkorkt worden, in ein Gefäß mit warmem Wasser, solange bis die darin schwimmenden weißen Flocken verschwunden, bzl.

geschmolzen sind, schüttelt dann gut um und tröpfelt nun
davon 30 Tropfen in den Trinknapf des Vogels, gießt ein
Schnaps- oder Spitzgläschen voll destillirtes Trinkwasser oder
besser ganz dünnen Haferschleim hinzu und gibt ihm dies als
Getränk. Natürlich darf er nicht früher weitres Wasser bekommen, als bis er diese Gabe völlig ausgetrunken hat.
Während dieser Kur muß man dem Papagei jedes naturwidrige
Nahrungsmittel durchaus entziehen, und so bekommt er während
derselben nur Hanf, Mais und erweichtes Weißbrot, alles im
vorzüglichsten Zustande. In der Regel vergehen bei dieser
Kur die Geschwüre ganz von selber oder mindestens schrumpfen
sie allmählich ein, selbst wenn sie noch Jahr und Tag vorhanden bleiben, doch so, daß sie dem Vogel keine Beschwerden
machen und ihn auch nicht bedeutsam verunschönern. Sollten
schon vor dem Beginn der Kur oder während derselben einzelne
größere Geschwüre zu bedeutenderer Entwicklung gelangen,
zumal an Stellen, wo sie lebensgefährlich werden können, wie
an der Zunge oder am Kehlkopf, im Schlunde u. a., so muß
man natürlich, je nach der Ortsbeschaffenheit, mit äußerer,
örtlicher Kur eingreifen. Ich nehme ungern das Messer zur
Hand, und wer seiner Sache nicht ganz sicher ist, soll das
Schneiden beim lebenden Vogel, zumal beim Papagei, doch
lieber unterlassen. Dagegen wendet man mit Aussicht auf
Erfolg auch von außen Salicylsäure an. Das Geschwür, gleichviel welches (auch jede entzündliche oder nässende oder eiternde
Stelle) wird mit erwärmtem Salicylsäureöl täglich zweimal
bis dreimal ganz dünn bepinselt, und wenn der Papagei dann
daran lecken sollte, so kann ihm dies nicht leicht schädlich werden.

Als Krankheitserscheinung bei verschiedenartigen Leiden
ergibt sich Würgen und Erbrechen, und natürlich kann
dasselbe nur durch Hebung der Ursache, also Heilung der
eigentlichen Krankheit, abgewendet werden. Hat ein Vogel sich
nur gelegentlich überfressen oder unpassendes, schwer- oder un-

verdauliches Futter bekommen, so ist das Erbrechen wohlthätig, denn die Natur hilft sich damit ja selber. Ist das Erbrechen dagegen Folge von Magenschwäche oder in Erkrankung der Verdauungswerkzeuge überhaupt begründet, so muß ich auf die Behandlung des jemaligen Leidens verweisen. Linderungsmittel bei oft wiederkehrendem, hartnäckigem Erbrechen: Salzsäure im Trinkwasser oder auch im Gegensatz doppeltkohlensaures Natron. — Bei großen Papageien wird Erbrechen manchmal lediglich durch Gemüthserregung, Schreck, Beängstigung u. a. hervorgerufen und dann hat es als vorübergehende Zufälligkeit keine weitre Bedeutung. — Auch kommt eine hierher gehörende Erscheinung vor, welche im **Parungstrieb** begründet ist, der sich bei einzeln gehaltnen Vögeln, besonders großen Papageien nicht selten einstellt. Kennzeichen: ein bis dahin offenbar kerngesunder, im Aeußern schöner Papagei fängt plötzlich an zu würgen, schüttelt sich, hat wol gar anscheinend krampfhafte Zuckungen unter Augenverdrehen, Sichducken, Flügelhängenlassen, Flügel- und Schwanzspreizen u. a. m. Solch' Anfall geht bald vorüber, wiederholt sich aber mehrmals am Tage. Der Zustand tritt nur bei wohlgenährten und sehr kräftigen Vögeln ein. Gegenmittel: vor allem Zerstreuung; man beschäftige sich mit dem Papagei sogleich beim ersten Eintreten jenes Zustands viel und angelegentlich, wol gemerkt aber nicht in der Weise, daß man seiner Neigung noch etwa durch Hätscheln und Zärtlichkeitsbezeigung entgegenkommt, sondern vielmehr, indem man ihn durch Zähmungs- und Abrichtungsvornahmen, bzl. Vorsprechen abzulenken sucht. Ferner nehme man mit äußerster Vorsicht einen Wechsel in der Ernährung vor; vorzugsweise nahrhafte und insbesondre erregende Stoffe, so namentlich Hanfsamen, vermindert man möglichst oder läßt sie zeitweise ganz fort, während man anstatt dessen kühlende und mildernde, wie besonders grüne Zweige, etwas Frucht u. drgl. gibt. Wohlthätig wirkt ebenso sehr vorsichtiges Herabmindern der Wärme=

grade der Luft und dauerndes Halten in größrer Kühle. Am besten freilich thut man in solchen Fällen daran, wenn man den btrf. Vogel mit einem seinesgleichen verpart, bzl. ein richtiges Par zusammenzubringen sucht und einen Züchtungs= versuch anstellt.

Bei geistig hochstehenden Vögeln, also den am reichsten begabten, hervorragenden Sprechern, tritt uns eine Krankheits= erscheinung vor Augen, an die wir zunächst kaum glauben möchten, während sie doch thatsächlich vorkommt. Aufmerksame, gewissenhafte Beobachtung hat mich zu der Ueberzeugung geführt, daß solch' Vorgang keineswegs etwa auf Einbildung oder Täuschung meinerseits beruhte. Der Papagei erscheint sehr krank, stöhnt und jammert, zeigt zugleich mancherlei der übrigen vorhin geschilderten Krankheitszeichen; er athmet schwer, liegt auf der Sitzstange auf einer Seite oder auf dem Bauch. Seltsamerweise aber äußern sich alle diese Krankheitserscheinungen immer nur solange, wie die Pflegerin oder ein Andrer im Zimmer zugegen ist, während der Kranke, sobald er sich allein befindet oder, ohne daß er es wahrzunehmen vermag, beobachtet wird, sich ganz ruhig verhält und keinerlei Krankheit erkennen läßt. Eine Erklärung vermag ich in Folgendem zu geben: der verwöhnte verhätschelte Liebling der liebevollen Pflegerin hat es sich bald gemerkt, wodurch er ihre Theilnahme am meisten erwecken kann, ihr zärtlicher, bedauernder Ton ist ihm angenehm, und er weiß es, daß sie umsomehr in diesem zu ihm spricht, je trübseliger und leidender er erscheint. Un= päßlichkeit, vielleicht auch unbedeutender Schmerz, ein wenig Bauchgrimmen oder dergleichen, hat ihn anfangs zum Stöhnen veranlaßt; das liebevolle Bedauern aber gefällt ihm, wie er= wähnt, so sehr, daß er jetzt auch stöhnt und jammert, wenn er garkeine Schmerzen hat, daß er also simulirt, wie man zu sagen pflegt. Zur Abhilfe dieser leidigen Gewohnheit der Verstellung, bzl. des Erheuchelns (Simuliren) einer garnicht vorhandnen Krankheit gibt es keinen andern Weg, als den, daß man sich hartherzig zeigt und sich um seine angeblichen Schmerzen durchaus nicht bekümmert, ihn vielmehr immer möglichst zu erheitern sucht, zum Sprechen und zur Entfaltung dessen, was er gelernt hat und weiterlernt, anregt, sich viel mit ihm beschäftigt, aber ohne jemals auf seine Verstellungs= künste zu achten.

Wassersucht gehört zu den Erkrankungen, welche bei unseren gefiederten Pfleglingen stets gleichbedeutend mit Tod und Verderben sind, glücklicherweise aber nur selten auftreten. Ursache: zunächst lediglich Erkältung und namentlich bei großen Papageien gewaltsames Abbaden, welches man ohne genügende Vorsicht vornimmt; ferner Störungen in der Thätigkeit edler Körperorgane, so vornehmlich Tuberkulose oder Geschwürchen= bildung in den Eingeweiden, der Milz u. a. Krankheitser= scheinungen: Athembeschwerden, dann aufgeschwollner Leib und im hochgradigen Zustand deutlich wahrnehmbare Flüssigkeit in dem aufgetriebnen Körpertheil.

Krankheiten der Leber und der Milz treten ziemlich häufig ein, doch sind sie im ganzen schwierig zu erkennen, und es ist gerade bei ihnen schlimm, wenn man den Vogel krank vor sich sieht und nicht weiß, bzl. festzustellen vermag, mit welchem Leiden man es eigentlich zu thun hat. Ursache: un= richtige, zu schwer verdauliche oder auch zu reichliche Fütterung, bei nicht ausreichender Bewegung, infolgedessen Verfettung (Fettleber) oder Bildung von Geschwürchen (Tuberkeln) in der Leber. Oft ist sie eine Folge von Darmkatarrh, bei welchem der Darm verschlossen wird, welcher die Galle in den Dünndarm ausführt, wodurch Stauung, Aufsaugung der Galle ins Blut, und damit Gelbsucht verursacht wird. Kenn= zeichen bei letzterer: das Auge und mehr oder minder alle nackten Körpertheile erscheinen krankhaft gelb gefärbt; beim erstern Zustand: erschwertes Athmen, Keuchen, schwerfällige Bewegung, breiige oder dicke Entlerung, bei überaus vollem,

wie in Fett eingewickeltem Körper mit schlaffer, faltiger, un=
thätiger Haut und mehr oder minder großen nackten Stellen.
Vorbeugungsmittel: richtige, mannigfaltige und naturgemäß
wechselnde, zeitweise aber auch knappe Ernährung, und besonders
ausreichende Bewegung. Heilmittel bei Gelbsucht: für aus=
reichende Entlerung durch Rizinusöl zu sorgen, sodann Ein=
geben von Salzsäure oder doppeltkohlensaurem Natron; auch
Glaubersalz, Aufguß von Kalmuswurzel oder Löwenzahnkraut=
Extrakt. Die Tuberkulose oder Geschwürchenbildung in der
Leber, auch wol Leberfäule, ist unheilbar. Geschwürchen in
der Milz und Milzerweichung dürften wol auf denselben Ur=
sachen beruhen, dieselben Erscheinungen zeigen und auch in
gleicher Weise behandelt werden müssen, wie die Tuberkeln
und Verfettung der Leber.

Gehirnerkrankungen finden wir leider häufig und
mannigfaltig. Gehirnschlag oder Schlagfluß zeigt sich in
folgender Krankheitserscheinung: ein bis dahin offenbar gesunder,
sehr munterer und lebendiger Vogel sträubt plötzlich das Ge=
fieder, taumelt oder geht rückwärts, dreht sich um sich selber
oder hält den Kopf in sonderbarer Weise schief, unter Augen=
verdrehen, und rasch tritt der Tod unter Krämpfen ein. Die
Oeffnung und Untersuchung ergibt: das Gehirn (meistens zu=
gleich das Herz und die Lungen) mit Blut überfüllt, so daß
der Tod also durch Schlag verursacht ist. Am häufigsten
kommen derartige Fälle bei heißem Wetter vor und zwar durch
erhitzende und erregende, ja selbst nur zu reichliche Ernährung,
z. B. durch zuviel Hanfsamen, ferner durch starke und trockne
Ofenhitze, Wassermangel, zumal in schwüler, trockner Stuben=
luft; schließlich auch infolge von Aufregungen: Erschrecken,
Beängstigung, Eifersucht u. s. w., besonders aber auch durch
geschlechtliche Erregung. Vorbeugungsmittel: Abwendung aller
derartigen unheilvollen Einflüsse, magre und knappe Fütterung,
bei vorwaltender Gabe von Grünkraut, Obst u. drgl., und,
wenn man bereits Gefahr befürchtet, täglich Salzsäure im

Trinkwasser. Noch rasch im letzten Augenblick anzuwendende Heilmittel: kaltes Wasser auf den Kopf, vermittelst Brause oder Auflegen eines damit gefüllten Schwamms, möglichst schleunig bewirkte Abführung durch Rizinusöl und Klystir und, wo thunlich, ein vorsichtig ausgeführter Aderlaß. Viele Vogelpfleger, insbesondre Leute, welche den Gebrauch von Gewaltmitteln nicht scheuen, greifen zum Aderlaß selbst bei der ersten besten Gelegenheit und zwar in der Weise, daß sie dem Vogel einen Zeh oder wenigstens einen Nagel ohne weitres fortschneiden. Ich halte solchen Eingriff für unrecht, weil man dem Vogel dadurch unverhältnißmäßig große Schmerzen macht, zugleich aber verabscheue ich unter allen Umständen eine so zwecklose oder doch wenigstens nicht durchaus nothwendige Verstümmelung eines lebenden Geschöpfs. Will, bzl. muß man, z. B. bei plötzlich eintretenden, heftigen Krämpfen, Blutentziehung vornehmen, so sehe ich einen Schnitt an der vollen, fleischigen Brust oder am Schenkel, in beiden Fällen aber nicht zu tief und im letztern keinenfalls so, daß der Knochen berührt wird, als am geeignetsten zur Blutentziehung an; man schneide auch niemals quer, sondern von oben nach unten. Je nach dem Zustand des Vogels läßt man 1 bis 5, höchstens 10 Tropfen Blut sich entleren und schließt dann die Wunde durch ein blutstillendes Mittel (s. weiterhin bei Wunden).

Krämpfe, epileptische Anfälle u. a. werden durch Störungen in der Gehirnthätigkeit oder in der anderer wichtigen Körpertheile verursacht. Der Papagei stürzt plötzlich zusammen unter heftigen Zuckungen, Flügelschlagen und drehenden Bewegungen oder er zittert, schwankt, verdreht die Augen, dreht und wendet, verzerrt den Kopf, fällt um und zappelt in heftigster Weise, sodaß er einen beunruhigenden Anblick gewährt, Ursachen: unbefriedigter Geschlechtstrieb, Schreck und Beängstigung, starke Ofen- oder Sonnenhitze, Halten im zu engen Käfig, also mangelnde Bewegung bei reichlicher und erregender Fütterung. Vorbeugungsmittel: Abwendung aller jener Fährlichkeiten. Wenn ein Krampfanfall nur einmal vorgekommen, so hat er meist keine große Bedeutung; erst bei Wiederholung wird er beunruhigend, und der Vogelpfleger suche die Ursache zu ergründen und abzuwenden. Für krampfhafte Erscheinungen infolge von Parungstrieb habe ich das Verfahren bereits S. 146 angegeben; bei allen Krämpfen aber ist noch folgendes zu beachten. Während des Anfalls nimmt man den Vogel in die Hand, damit er sich beim stürmischen Umhertoben nicht stoße und beschädige, und hält ihn aufrecht, wodurch ihm zugleich Linderung gewährt wird; doch hat man sich dabei vor seinen Bissen zu hüten. Gerade bei Krämpfen wird das rohe Mittel des Nagel- oder Zehabschneidens am meisten angewandt, selbstverständlich aber gilt hier das, was ich bereits gesagt. Heilmittel: wiederholte Gabe von einfacher Opiumtinktur, sowie von ätherischer oder einfacher Baldriantinktur und namentlich ein Dampf- oder Sandbad, auch plötzliches Begießen mit kaltem Wasser, letztres kaum erfolgversprechend. Wirkliche Hilfe kann nur durch Ermittelung und Hebung der Ursache des Reizes erlangt werden. — Lähmung der verschiedensten Körpertheile, am häufigsten der Füße, kann zunächst durch eine Verletzung des Rückgrats, durch plötzliches Auffliegen und heftiges Anstoßen gegen eine scharfe Ecke verursacht sein. In diesem Fall ist Heilung kaum zu ermöglichen, und ich kann nur auf das einzige Linderungs- und Heilungsmittel verweisen, welches ich bei jeder Gehirnverletzung angegeben: unbedingte Ruhe. — Anderweitige Lähmungen kommen von rheumatischen u. drgl. Leiden her, welche ich späterhin besprechen werde.

Erkrankungen sind auch die Vergiftungen, die sich stets an auffallenden Krankheitszeichen erkennen lassen, während die Feststellung des Gifts schwierig und sogar unmöglich ist. Falls aber das Gift nicht zu ermitteln, so ist die Behandlung und damit die Aussicht auf Heilerfolg unsicher. Man thut gut daran, beim Verdacht jeder Vergiftung einhüllenden Schleim, Eiweiß, Altheewurzel- oder Leinsamen-Abkochung u. drgl.,

sowie kohlensaure oder gebrannte Magnesia in Wasser ange=
rieben zu geben. Kennzeichen nach Prof. Dr. Zürn: „Die
mineralischen Gifte beschädigen das Thier meistens durch starkes
Reizen der Magen= und Darmschleimhaut, durch erhebliche
Entzündungszustände derselben. Die Giftpflanzen wirken durch
ihren Gehalt an narkotischen Stoffen auf die Nervencentren
und das Blut insbesondre, oder durch den Gehalt an scharfen,
erheblich reizenden Stoffen dann auch noch in eigenthümlicher
Weise auf Magen, Darm, Nieren." Die narkotischen Gifte,
welche im Großen und Ganzen sich dadurch auszeichnen, daß
sie bei den Thieren starken Blutzufluß nach dem Gehirn und
Rückenmark, sowie später Lähmung hervorbringen, können in
ihrer Wirkung abgeschwächt werden durch Essig, Tanninauf=
lösung, schwarzen Kaffe u. a.; Glaubersalz als Abführungs=
mittel, kalte Begießungen auf Kopf und Rücken oder ein
Aderlaß bringen sonst noch bei Vergiftung Linderung oder
Hilfe. Nach Genuß scharfstoffiger Pflanzentheile sind Abführ=
mittel, dann Schleim und Chlorwasser zu empfehlen. Es gibt
aber auch Giftpflanzen, welche narkotische und sehr scharfe
Stoffe zugleich enthalten. Nach jeder Vergiftung zeigen sich,
selbst wenn das bedrohte Thier gerettet ist, noch Nachwehen.
Allgemeine Schwäche oder Hinfälligkeit dauert kürzere oder
längre Zeit an, je nach dem Gift, auch Verdauungsschwäche,
Mangel an Freßlust u. a., und in vielen Fällen bleibt nach
abgewendeter Gefahr noch immer Darm= und Magenkatarrh
zurück.

Papapeien vergiften sich leider häufig mit Oralsäure (Zuckersäure),
wenn sie am Messinggitter lecken, das geputzt und nicht sorgfältig trocken ab=
gerieben ist. Erkennungszeichen: Taumeln, Kraftlosigkeit, Krämpfe, schwarze,
schmierige und dann auch blutige Entlerung. Heilmittel: die bei allen Ver=
giftungen überhaupt angegebenen schleimigen Stoffe und insbesondre gebrannte
Magnesia. Will der Papagei all' dergleichen freiwillig nicht nehmen, so gebe
man ihm reichlich starkes Zuckerwasser und darin wenigstens etwas in Wasser
angeriebne gebrannte Magnesia. Ein Papagei, welcher sich frei bewegen darf,
zieht sich durch Knabbern an Zündhölzchen Phosphorvergiftung zu. Krank=
heitszeichen: Gesträubtes Gefieder, Zittern, Dasitzen mit gekrümmtem Rücken

und halbgeschlossenen Augen, mangelnde Freßlust, Durst, wäßriger und blutiger Durchfall, Hinfälligkeit. Man ermittelt den Zustand durch Phosphorgeruch aus dem Schnabel. Heilmittel: Chlorflüssigkeit, reines Terpentinöl und Eiweiß oder andrer einhüllender Schleim. — Wiederum eine Vergiftung bedroht den sich frei umherbewegenden Papagei, indem er einen Zigarrenstummel zernagt. Krankheitszeichen: Zittern, Taumeln, Lähmung, Krämpfe und gleichfalls blutige Entleerung. Heilmittel: Eiweiß oder Schleim und starke Gabe von Rizinusöl zum Abführen. — Wenn ein Papagei eine bittre Mandel oder eine verdorbne, bitter gewordne Nuß gefressen, sind Krankheitszeichen: Beängstigung, Taumeln, Umfallen und Unfähigkeit sich zu erheben, Zittern, Krämpfe. Heilmittel: Eintauchen in kaltes Wasser und Begießen mit solchem, innerlich Salmiakgeist oder Hoffmannstropfen, halbstündlich und etwa dreimal im Tage. — Kupfervergiftung kann vorkommen, indem ein Papagei am unsauber gehaltnen grünspanig gewordnen Gitter eines Messingbauers leckt oder knabbert. Krankheitszeichen: verringerte und dann ganz mangelnde Freßlust, Würgen und Erbrechen, aufgetriebner Bauch und Schmerz beim Drücken, Federnsträuben und Hocken am Boden, heftiger Durchfall mit grün aussehender und blutiger Entleerung. Heilmittel: viel Eiweiß und andrer Schleim, Molken, gebrannte Magnesia. — Vergiftung durch Arsenik könnte eintreten, wenn man Ratten= oder Mäusegift unvorsichtig auslegt, am leichtesten aber infolge Benagens arsenikhaltiger Tapeten. Selbst bei geringster Arsenikaufnahme ist der Tod fast immer unabwendbar. Erkrankungszeichen nach Zürn: Völlig mangelnde Freßlust, Durst, Speichelabsonderung aus dem Schnabel, häufiges Schlucken, große Angst und Unruhe, Auslerung dünner, übelriechender, meist blutiger Kothmassen, erschwertes, verlangsamtes Athmen, unter den naturgemäßen Zustand weit herabgesunkne Körperwärme, vergrößerte Pupillen der Augen, Taumeln, Zittern, Krämpfe, rasch eintretender Tod. Heilmittel nach Zürn: Zuckerwasser, Eiweiß, Schleim, gebrannte Magnesia, vornehmlich aber Löschwasser aus der Schmiede, das Anti= dotum arsenici oder auch gallertartiges Eisenoxydhydrat. — Auch die übrigen stärksten Gifte, wie Strychnin und die Salze desselben, ferner alles, was zur Herstellung von vergiftetem Weizen oder als Mäuse= und Rattengift überhaupt dient, könnte einem Papagei gelegentlich gefährlich werden, indem es durch jene Nager verschleppt und dadurch oder durch Entlerung in irgendwelches Vogelfutter gebracht wird. In fast allen Fällen sind Papageien bei derartiger Vergiftung vonvornherein verloren, selbst wenn man die Ursache sogleich mit Sicherheit festzustellen vermag; bevor das Gegenmittel zur Anwendung, bzl. zur Wirkung kommt, ist der Tod bereits eingetreten. Nach Zürn Krankheitserscheinungen bei Strychninvergiftung im leichtern Fall: angstvolle Unruhe, Zuckungen, dann Steifheit einzelner Glieder und des ganzen Körpers; bei Vergiftung im stärksten Maß: heftige Krämpfe, Verzerrung von Kopf und Hals nach dem Rücken, Lähmung, Erstickung. Er empfiehlt künstliche Respiration durch Lufteinblasen und wechselndes Zusammendrücken und Ausdehnen der Brust, Tanninauflösung, Ein=

athmen von Aether und Aderlaß; nach meiner Ueberzeugung ist alles vergeblich. — Kohlendunst, bzl. Kohlenoxydgas, kann, insbesondre bei Oefen mit Heizung von innen (während diese doch am vortheilhaftesten der Lüftung wegen sind) eintreten. Rauch und Dampf vermögen die meisten Vögel leidlich gut zu ertragen, d. h. freilich nur, wenn das Zimmer gelegentlich einmal davon erfüllt, dann aber wiederum schleunigst gelüftet wird. Bei häufigem oder gar andauerndem Einströmen können verherende Wirkungen sich zeigen. In gleicher Weise unheilvoll kann für einen Papagei das Leuchtgas werden, falls dasselbe durch ein undichtes Rohr u. a. einzubringen vermag. Hilfsmittel: selbst auf die Gefahr der Erkältung hin, muß man schleunigst der freien Luft Eingang verschaffen, jeden erkrankten Vogel hinaus oder doch in ein frischgelüftetes, sonniges Zimmer bringen; ist ein Vogel schon betäubt, selbst ohne Lebenszeichen, besprenge man ihn vermittelst Brause mit kaltem Wasser, halte ihm auch wol vorsichtig Salmiakgeist oder Hoffmannstropfen auf einem Baumwollflöckchen vor den Schnabel und flöße ihm 1—2 Tropfen ein. Im übrigen muß er sich von selber an der Luft erholen. — Ueber Tabaksrauch habe ich schon S. 120 gesprochen. Bei plötzlicher, starker Wirkung, wenn z. B. ein Papagei im Zimmer, in welchem ausnahmsweise einmal viel geraucht worden, erkrankt ist, wendet man dieselben Ermunterungs- und Heilmittel an, welche ich bei Kohlendunstvergiftung angegeben. Wenn der Papagei aber dem derartigen, schwächenden Einfluß dauernd oder häufiger ausgesetzt ist, erkrankt er entweder an Lungenentzündung oder geht langsam an Abzehrung zugrunde. Heilung ist nur dadurch möglich, daß man ihn in reine, warme Luft bringt und zweckmäßig behandelt.

Auch Pflanzengifte können mehrfach zur unheilvollen Geltung kommen; so grüne Zweige vom Lärchenbaum, die sich bereits in vielen Fällen als schädlich erwiesen haben. Gleiches gibt Zürn von Blättern und Beren des Eibenbaums (Taxus baccata) an. Vorzugsweise gefährlich sind Hundspetersilie, Wolfsmilch, Nachtschatten, Hahnenfuß u. a. Ein frei im Zimmer sich bewegender Papagei kann auch vom Oleander oder anderen, gleichfalls schädlichen Stubenpflanzen fressen; schließlich könnte eine Verwechselung mit giftigen Beren, namentlich der Tollkirsche, vorkommen. Krankheitserscheinungen in allen solchen Fällen: Gesträubtes Gefieder, Flügelhängen, sonderbare Bewegungen, Strecken, Seitwärts- und Rückwärtsbiegen des Halses, krampfhaftes Schlucken und Schnabelaufsperren, als wolle der Vogel etwas entleren, Taumeln, starres Ausstrecken der Füße, bald krampfhafte Zuckungen des ganzen Körpers und Tod. Fast regelmäßig ist der Vogel verloren; der einzige Weg zur Rettung ist schleunige Entlerung durch Beibringen von dünnem Schleim mit Oelgemisch und Glaubersalzauflösung, ferner Oelklystire, wie bei Verstopfung angegeben, und Erwärmung des Unterleibs durch handwarmen Sand. Bei allen narkotischen Pflanzengiften, die betäubend und lähmend wirken, verordnet Zürn: Essig, Tanninauflösung oder schwarzen Kaffee, v. Tresckow noch

Zitronensäure. Gleiche Vergiftung wie durch bittere Mandeln kann auch durch Kerne von Pfirsichen, Pflaumen, Kirschen u. a. verursacht werden.

Eingeweidewürmer. Mehrfach sind Bandwürmer bei Papageien nachgewiesen worden. Meistens leiden Papageien durch derartige Schmarotzer wol nur wenig; immerhin aber können, wenn sie massenhaft vorhanden, erhebliche Gesundheitsstörungen verursacht werden. Kennzeichen: Solch' Papagei sitzt traurig da, mit gesträubten Federn, zeigt schleimige, wol gar mit Blutstreifen gemischte Entlerungen, leidet an immerwährendem Darmkatarrh, magert ab und geht, besonders wenn er schwächlich ist, durch Verkümmern zugrunde. Einziges Vorbeugungsmittel: äußerste Reinlichkeit. Zürn empfiehlt vor allem gepulverte Arekanuß, welche indessen (wie freilich alle Arzneimittel) den Vögeln schwierig beizubringen ist; ebenso verhält es sich mit Rainfarn- und Wurmfarnwurzel u. drgl. gegen Eingeweidewürmer. Dagegen habe ich beobachtet, daß nach mehr oder minder großen Gaben von Leinöl, vielleicht auch anderen Oelen, sowol Band- als auch andere Eingeweidewürmer entlert wurden. Uebrigens gelten ebenso die Kürbiskerne als Wurmmittel, und namentlich Papageien nehmen dieselben gern.

Die äußerlichen Krankheiten. Wunden. Alle Vögel haben in höherm Maß als die meisten übrigen Thiere die Fähigkeit zur Selbstheilung. Sogar bedeutende Wunden heilen lediglich durch Reinhaltung, also Auswaschen vermittelst eines Schwamms mit reinem Wasser, Kühlung mit letzterm, Anwendung desinficirender Mittel, wie namentlich Karbolsäure, und sodann Ruhe, in kürzester Frist. Schnittwunden, vorausgesetzt daß sie mit einem scharfen und reinen Messer beigebracht worden, heilen am leichtesten, doch kommen sie bei Papageien kaum oder nur selten vor. Behandlung wie vorhin angegeben, und mit Karbolsäureöl. Häufiger sind Biß- oder Rißwunden, letztere durch hervorstehende Draht- oder Nagelspitzen verursacht. Jede derartige Quetsch- und Rißwunde heilt schlechter, weil sie Entzündung und Eiterung mitsichführt. Soweit als möglich Ausblutenlassen, Auswaschen mit Arnikawasser, oder, wenn schlimmer, Kühlen mit Bleiwasser, dann Aufstreichen von Glyzerin-, Vaseline- oder Bleisalbe. Da letztre giftig ist, aber auch die ersteren vom Papagei stets abgeleckt werden, so ist es nothwendig, den verwundeten Körpertheil, nach gut angelegtem Verband, durch Einnähen in feste, grobe Leinwand zu sichern. Ist die Wunde tief und blutet sie stark, so muß, nach sorgfältigem Reinigen vermittelst eines in Arnika- oder Bleiwasser getauchten Schwamms, blutstillende Watte aufgelegt oder blutstillendes Kollodium übergepinselt werden; auch stillt man die Blutung wol durch Eintauchen in oder Ueberpinseln von Eisenchlorydflüssigkeit. Allerschlimmstenfalls ist die Wunde mit einer chirurgischen Naht zu schließen, was am besten ein Wundarzt oder Heilgehülfe ausführt, und dann wird gleichfalls Kollodium darübergestrichen. — Brandwunden behandelt man wie beim Menschen mit Liniment aus Kalkwasser und Leinöl oder Bleiessig und Baumöl, im leichtern Fall mit Bei-Kollodium; immer muß man aber mit einem dicken Pausch von Watte zum Abschluß der Luft und, damit der Vogel nicht an den giftigen Bleimitteln lecken kann, wie bereits vorgeschrieben, einen festen, sichern Verband anlegen und im Nothfall den Körpertheil einnähen. Mehrfach sind schwere Verletzungen in der Weise eingetreten, daß ein Papagei auf ein heißes Plätteisen, einen ebensolchen Lampencylinder, eine Kochplatte sich gesetzt oder einer glühenden Ofenthür zunahe gekommen; im ersten Augenblick kann man dann den Vogel sofort in lose, saubre Baumwolle oder Watte hüllen und in einen offnen Käfig bringen, wo er durchaus ruhig verbleibt, bis man alle Hilfsmittel zur Hand hat, um die oben angegebne Behandlung vornehmen zu können. Sorgfältigste Reinlichkeit ist bei der Behandlung aller Wunden das erste und wichtigste Erforderniß; die Schwämme sowol, als alle übrigen Gebrauchsgegenstände beim Verbinden der Wunden müssen höchst sauber gehalten werden; erstere sind nach dem Gebrauch stets in siedendem Wasser auszubrühen, auch wol auszukochen und dann in reinem, kaltem Wasser noch mehrmals durchzuwaschen; die letzte Ausspülung sollte stets in abgekochtem oder besser destillirtem Wasser geschehen. Schließlich ist zur Heilung jeder Wunde unbedingte Ruhe durchaus erforderlich.

Auch Knochenbrüche heilen bei Vögeln erstaunlich leicht. Der einfache Fußbruch oberhalb des Knöchels bedarf lediglich der Ruhe, um vortrefflich wieder einzuheilen, sobaß der Fuß meistens nicht einmal schief wird. Rathsamer ist es, die beiden Knochenenden durch vorsichtiges Ziehen in die richtige Lage zu bringen, zwischen zwei glatte Hölzchen als Schienen zu legen, und diese ziemlich fest mit gestrichnem Heftpflaster, besser mit Leinwand oder am wohlthätigsten mit einem dicken, weichen Baumwollfaden zu umwinden, darüber Gipsbrei oder dickgekochten, warmen Tischlerleim zu bringen, den Papagei bis zum Trocknen festzuhalten und ihn dann in einen engen Käfig zu stecken. Nach etwa vier Wochen kann man den Verband durch Aufweichen mit Wasser, bzl. Lösen mit einer Schere, vorsichtig abnehmen. Die Schienen, welche man eigentlich nur beim schweren Bruch anzulegen braucht, können in glatten, dünnen Hölzchen bestehen, oder in hohlen, halbröhrenförmigen Stäben von Rohr oder Flieder; immer müssen sie, wenn möglich, den ganzen Fuß umschließen. Schwieriger ist ein Bruch am Flügel zu heilen; um Schmerz und Reiz zu vermeiden, müssen die Federn abgeschnitten, aber nicht ausgezupft werden.

Geschwüre bilden sich (außer den bereits bei inneren Krankheiten erwähnten) an verschiedenen Körpertheilen bei Papageien leider nicht selten. Zunächst untersuche man sorgsam, ob die Anschwellung hart oder weich, ob sie fest und fleischig oder mit Flüssigkeit, Eiter, bzl. Brei gefüllt ist, ferner ob sie entzündet roth und heiß oder gelb ist, und dem Befund entsprechend muß das Geschwür behandelt werden. Das reife Eitergeschwür,

welches also mehr oder minder weich ist und gelb aussieht,
kann gewöhnlich ohne Gefahr durch einen Einschnitt und ge=
lindes Ausdrücken entlert und dann mit einem in Karbol=
säureöl getauchten Bäuschchen von Wundfäden (sog. Charpie)
oder mit Wundwatte verbunden werden; keinenfalls mache
man den Einschnitt zu tief, und das Ausdrücken muß möglichst
vollständig, doch vorsichtig geschehen. Kleinere Geschwüre braucht
man dann nur mit Karbolsäureöl auszupinseln, und auch bei
den größten ist das Anlegen des Verbands bloß in den
ersten Tagen nothwendig. Ein hartes, insbesondre großes
und tiefliegendes Geschwür erweicht man mit warmem Brei=
umschlag, bis Reife eingetreten; eine sehr entzündete Anschwellung
kühlt man mit Bleiwasser und erst, wenn man sich überzeugt
hat, daß sich wirklich ein Geschwür bildet, sucht man es durch
warmen Breiumschlag baldigst zu erweichen. Leider nur zu
häufig treten bei Papageien Balggeschwüre auf, besonders
am Kopf, neben dem Schnabel oder in der Augengegend. Ein
Balggeschwür ist weder hart, noch weich, mit breiiger Masse
gefüllt und vergrößert sich übermäßig oder geht tiefer und
verursacht dem Vogel in jedem Falle Unbequemlichkeit und
Schmerzen; solange das Balggeschwür klein ist und lose in
der Haut sitzt, läßt es sich durch Aetzen mit Höllenstein oder
besser noch durch Abbinden vermittelst eines dünnen, aber
festen Fadens entfernen. Man faßt es mit Zeigefinger und
Daumen der rechten Hand, hebt es hoch und ein Andrer legt
nun den Faden um, indem er möglichst kräftig zuschnürt. Der
unterbundne Theil stirbt ab und sobald die Stelle verheilt,
fällt das Abgeschnürte von selber hinweg. Will man lieber
fortschneiden, so verfährt man ebenso, nur daß man, anstatt
den Faden umzulegen, vermittelst eines scharfen Messers das
Ganze schnell, doch vorsichtig herauslöst. Dann wird ver=
bunden und behandelt. Meistens jedoch kommen die Balgge=
schwüre aus innerer Verderbniß der Säfte her, und das ört=
liche Fortbringen des einzelnen nützt dann nichts, weil immer

neue entstehen. Der Papagei ist dann verloren, falls er nicht
durch strengste Enthaltung von jeder naturwidrigen Fütterung
und durch sorgsamste, naturgemäße Pflege, vor allem aber
durch Einwirkung frischer Luft unter Anwendung der Salicyl=
säurekur (s. S. 144) wiederhergestellt werden kann. Größten=
theils aus den letzterwähnten Ursachen bilden sich auch warzen=
artige Auswüchse oder Wucherungen, die wol gar aufbrechen,
massenhaft Flüssigkeit (Lymphe) oder Eiter absondern, manch=
mal ganz wund werden; sie sind meistens kaum zu heilen,
und zugleich kann im letztern Fall Ansteckung eintreten. Besteht
eine Geschwulst bloß in einer Fleischwucherung, vielleicht von
warzenartiger Beschaffenheit, so kann man sie, wenn sie klein
ist, durch Abschneiden und wenn größer, durch Abbinden ent=
fernen. Ist es aber eine tiefgehende, mehr oder minder große
und verhärtete Geschwulst, welche aufbricht und viel Flüssig=
keit oder Eiter absondert, während auch wol sog. wildes Fleisch
hervorwuchert, so ist die Heilung schwierig, und es kann ein
krebsartiges oder sonstwie ansteckendes Geschwür sein. Man
bepinselt die ekelhaft aussehende, rohe Fleischmasse mit Aloë=
und Myrrhentinktur drei Tage, am vierten betupft man an
der ganzen Oberfläche mit einem befeuchteten Höllensteinstift
und am fünften bestreicht man sie mit verdünntem Glyzerin,
um am sechsten Tage wiederum in derselben Reihenfolge anzu=
fangen. Dazu wendet man die S. 144 erwähnte Salicylsäure=
Kur an. Eine sog. Fettgeschwulst, welche durch natur=
widriges Wuchern der Fettzellen entsteht und selten vorkommt,
ist nicht durch Futterentziehung zu heben, sondern durch Auf=
schneiden, Entlerung vermittelst gründlichen Ausdrückens und
Auspinselung mit Karbolsäure. Gleiches ist den sog. Grütz=
beuteln oder Grützgeschwüren gegenüber zu beachten. Sie be=
stehen in einer runden, weich anzufühlenden, weder erhitzten,
entzündlichen, noch eitrig gelben Geschwulst und enthalten eine
ekelhafte, weiße, dünnbreiige Masse, müssen nach einem tüchti=

gen Schnitt durch Ausdrücken entlert und innen mit Karbol=
säureöl ausgepinselt werden.

Hier und da, wenn auch glücklicherweise nur sehr selten, tritt
bei frisch eingeführten großen Papageien außerordentlich schwere
Erkrankung an Gregarinose auf. Unter denen, die ich be=
handeln konnte, hatte ich den schwersten, förmlich unheimlichen
Fall der Gregarinose an zwei Papageien aus dem zoologischen
Garten von Berlin vor mir, die beide daran starben, während
mir in mehreren leichten Fällen die Heilung geglückt ist. Das
Krankheitsbild zeigt sich gewöhnlich in mehr oder minder
großen Anschwellungen um und über die Augen und den
Schnabel, an oder in der Kehle und auch an verschiedenen
anderen empfindlichen Körperstellen, die bei Schnitt oder Oeff=
nung eine käsige Masse enthalten. Als Heilmittel habe ich
innerlich Salicylsäure in starker Gabe und für längre Zeit
und äußerlich Jodkalium oder graue Quecksilbersalbe angewendet.
Hauptsache ist der Schutz vor Ansteckung. Ich bitte auch unter
Darmentzündung S. 136 nachzulesen.

Gicht, Rheumatismus und mancherlei Lähmungen.
Ursachen: Erkältung oder auch Verletzung, sowie Sitzen auf
zu dünnen und scharfkantigen und überhaupt nichts taugenden
Stangen. Krankheitszeichen: Verminderung der Freßlust, Fieber
mit Gefiedersträuben und Schütteln, Anschwellungen an den
Gelenken der Flügel und Füße, die anfangs hart, stark geröthet,
heiß und schmerzhaft sind, dann weich sich anfühlen und eine
mit Blut und Eiter gemischte Flüssigkeit enthalten; späterhin
werden sie wieder hart, und der Inhalt ist gallertartig und
käsig; zuweilen findet nach Wochen Selbstheilung statt, doch
bleibt gewöhnlich Verdickung des Gelenks zurück. In einem
andern Fall tritt langsame Abmagerung bei Blutarmuth (blasse
Schleimhäute), dann starker Durchfall und Tod an Erschöpfung
ein. Vorbeugungsmittel: Abwendung der vorhin angeführten
Ursachen, so jeder Erkältung, vornehmlich beim Stuben=
reinigen, bzl. Lüften frühmorgens. Heilmittel: Trockenheit

und Wärme; wenn die Anschwellung entzündlich und heiß, Kühlen mit Blei= oder Essigwasser, falls die Anschwellung hart, Einreiben mit Kampher= und Ameisenspiritus oder Pinseln mit verdünnter Jodtinktur, auch Bewickeln mit erwärmtem Wollzeug; wenn die Geschwulst eiterig, Aufschneiden, doch keinesfalls zu früh, Ausdrücken und Auspinseln mit Karbolsäurewasser; innerlich Salicylsäure im Trinkwasser. — Rheumatische Leiden, die in schmerzhafter Lähmung ohne Gelenkanschwellungen sich äußern, können gleicherweise durch Erkältung, besonders Zugluft oder nach unvorsichtigem Abbaden u. s. w. entstehen. Heilungsversuch: Einreiben mit warmem Oel oder besser erwärmter Rosmarinsalbe und Umwicklung des schmerzhaften Glieds mit einem erwärmten Wolltuch, welches selbstverständlich festgenäht oder durch einen entsprechenden Verband befestigt sein muß. Bepinseln mit Petroleum oder gereinigtem Terpentinöl darf man nur im Nothfall anwenden, denn der Geruch ist für jeden Vogel widerwärtig und schädlich. Warmer Raum und wenn möglich warmes Sandbad sind nothwendig.

Fast am allerseltensten, erfreulicherweise, kommt das **Heraustreten des Darms oder der Legeröhre** bei großen Papageien vor. Man wäscht diesen **Darmvorfall** mit handwarmem Wasser, in welchem ein wenig Tannin aufgelöst worden, trocknet den Vorfall dann durch Betupfen mit einem Leinentuch, bestreicht ihn mit mildem Olivenöl und bringt ihn vermittelst der Finger vorsichtig wieder zurück. Tritt er sodann nochmals wieder heraus, so kann man ein hier und da gebrauchtes Hausmittel anwenden, welches mir kürzlich den erhofften Dienst bestens geleistet hat. Nach dem Abbaden und sorgfältiger Reinigung, sowie namentlich bestem Betrocknen, bestreut man den Vorfall mit allerfeinst gepulvertem Kolophonium und bringt ihn nun recht sorgfältig und gründlich wieder hinein. Dann wird die Oeffnung etwa zehn Minuten lang sanft zugehalten, und wenn trotzdem der Austritt abermals erfolgt, wird das Hineinbringen wiederholt und dann in der Regel mit glücklichem Erfolg.

Augenkrankheiten kommen bei Papageien leider häufig vor; sie können auch vielfach auf anderweitiger Erkrankung beruhen, bei welcher das Auge und seine Umgebung in Mitleidenschaft gezogen wird. Zunächst treten uns Anschwellungen und Entzündungen der Augenbindehäute, durch Erkältung hervorgebracht, entgegen. Krankheitszeichen: Augenthränen, Anschwellen der Lider- und Lichtscheu. Heilmittel: Pinseln mit lauwarmer Chlorflüssigkeit oder Alaun- oder Zinkvitriolauflösung. Ferner kann Entzündung der Bindehäute, sowie auch der Hornhaut durch Stöße oder Bisse ins Auge entstehen. Heilmittel: Kühlen mit Wasser, bzl. Bleiwasser, Einpinseln von Zinkvitriolauflösung oder Pottaschelösung mit Opiumtinktur. Innere Augenentzündungen, welche Blindheit (grauen Star) bringen, treten nur selten auf. Wenn man einen augenscheinlich blinden oder blindwerdenden Vogel, dessen Auge keine äußerliche Krankheit erkennen läßt, daraufhin behandeln und wenigstens einen Heilungsversuch anstellen will, so darf man immerhin das einzig hierhergehörende Heilmittel: Einpinselung auf den Augapfel von schwefelsaurem Atropin (nach Zürn) anwenden. Aussicht auf Erfolg ist nur beim Beginn der Krankheit vorhanden, welche sich aber leider meistens erst dann feststellen läßt, wenn der Vogel schon ganz oder doch nahezu blind geworden. Bei schwerer Verletzung des Auges durch Schlag, Stich oder Biß, wobei der Augapfel beschädigt worden, läßt sich ein sachgemäßer Verband, bzl. eine solche Behandlung überhaupt, nur schwierig ermöglichen. Man suche nach Anwendung der obengenannten kühlenden Mittel, namentlich Auflegen von weicher, in Bleiwasser getauchter Leinwand, einen Schutz des Auges dadurch zu erreichen, daß man beim großen Vogel eine Wallnußschale an der Kopfseite so anbringt, daß sie das von dem Leindwandläppchen (oder Wundfäden) umhüllte Auge schützend einschließt. Befestigung am besten ver-

mittelſt dünner Streifen von Heftpflaſter und dann Umwickeln
des Kopfs mit einem ſchmalen Leinen- oder Baumwollband.
Die Naturheilkraft des Vogels thut dann außerordentlich viel.
Dieſer Verband braucht nur etwa alle drei Tage einmal erneuert zu werden.

Schnabelkrankheiten. Bei zu großer Sprödigkeit des
Horns kann eine mehr oder minder tiefgehende Spaltung, bzl.
ein Riß im Schnabel oder die Zerſplitterung, Zerfaſerung,
Wucherung an der Schnabelſpitze eintreten. Im erſten Fall
bepinſele man nicht bloß den Riß an ſich, ſondern auch den
ganzen Schnabel täglich ein- bis zweimal mit erwärmtem,
mildem Oel. Dabei iſt natürlich ſorgſame Reinhaltung durch
häufiges Auswaſchen der Spalte mit einem feinen weichen
Pinſel mit Karbolſäurewaſſer nothwendig, ſoweit es ſich um
einen tiefgehenden und ſchmerzhaften Riß handelt; auch kann
man die Stelle, nachdem ſie gut abgetrocknet worden, mit
Kollodium beſtreichen. Wenn der Riß tiefgehend ins Fleiſch
reicht oder den Schnabel klaffend ſpaltet, muß ein Verband
angelegt werden; zunächſt wird der Riß gereinigt, dann ſtreicht
man zwiſchen beide Flächen Karbolſäureöl, klebt einen ent-
ſprechenden Heftpflaſterſtreif darum und umgibt die Stelle
ſchließlich, falls es eben ausführbar iſt, mit einer Schiene, indem man eine der Länge nach geſpaltne Federpoſe, ein Rohr-
oder Strohhalmſtück anbringt und befeſtigt. — Schlimmer ge-
ſtaltet ſich in vielen Fällen die Schnabelmißbildung,
welche mit Zerſplitterung der Spitze, Spaltung in zahlloſe
Faſern und unnatürlicher Wucherung beginnt und allmählich
den ganzen Schnabel ergreift, ſodaß der Vogel dadurch gleichfalls meiſtens arg bedroht wird. Heilung ſchwierig; erſte Be-
dingung durchaus geſundheits-, bzl. naturgemäße Verpflegung,
Kräftigung durch Baden, Hinausbringen an die freie Luft;
Heilmittel: täglich mehrmaliges Beſtreichen mit warmem Oel,
immer erneutes Verſchneiden, ſo tief als nur angängig und

unmittelbar darauf Bepinseln mit Kollodium. Glücklicherweise seltner als andere Schnabelverkrüppelungen kommt ein schief= gewachsener oder, wie man zu sagen pflegt, Kreuzschnabel vor. Heilung: Zuerst muß man den schiefgewachsenen Theil des Schnabels mit einem scharfen Messer oder besser noch mit einer besondern Schnabelschere soweit als irgend thunlich verschneiden, ohne das Lebendige zu verletzen, dann wird der verbogne Theil, nachdem er mit recht warmem Oel bepinselt worden, vermittelst eines handwarmen Plätteisens möglichst nach der naturgemäßen Gestalt hin zurückgestrichen, darauf unwickelt man den, am besten nochmals mit dem warmen Oel bepinselten Schnabel fest der richtigen Lage gemäß mit starker Leinwand und erst nach einigen Stunden löst man diesen Verband, damit der Papagei wieder fressen kann. Dies Verfahren wiederholt man alle zwei bis drei Tage. Sobald der Schnabel nachzuwachsen beginnt, muß das Streichen wenn= möglich noch häufiger geschehen.

Fußkrankheiten (s. auch Fußpflege S. 126). Am ver= nachlässigten Vogelfuß bilden sich unter der Schmutzkruste leicht Entzündung, Eiterung, Geschwüre, welche wol zur mehr oder minder bedeutsamen Gelenkentzündung, zum Absterben einzelner Zehen und selbst zum Verlust eines ganzen Fußes führen können. Heilmittel: tägliches Baden des Fußes in warmem Seifenwasser, Kühlen der entzündeten Stelle mit Bleiwasser, dann Bepinseln mit verdünntem Glyzerin und Bestäuben dick mit feinstem Stärkemehl, in hartnäckigen Fällen: Bestreichen mit Bleisalbe oder, wenn die Wunde nässend ist, mit Bleiweiß= salbe; dann muß der Fuß aber in ein Lederbeutelchen gesteckt und dieses fest verbunden oder vernäht werden, weil solche Salben giftig für den Papagei sind. — Schlimmer sind Ver= härtungen, aus denen entweder Geschwüre in den Gelenken (Knollen genannt) oder Hühneraugen sich bilden. Beide ent= wickeln sich an der untern, innern Fußfläche und verursachen dem Vogel soviel Schmerz, daß er daran verkümmern kann.

Im erstern Fall Behandlung wie vorhin angegeben, in beiden Entfernung vor allem der leidigen Entstehungsursache, nämlich der unzweckmäßigen Sitzstangen. Die Knollen, oft steinharte, häutige und förmlich verknöcherte Gebilde, und gleicherweise die Hühneraugen oder Leichdornen erweicht man zunächst durch Einreiben mit erwärmtem Olivenöl und dann Waschen mit warmem Glyzerin- oder Seifenwasser, um dann mit einem scharfen, spitzen Messer alle harte Haut, sowie den eigentlichen Leichdorn, sorgsam herauszuschälen, wobei man natürlich nicht wund schneiden darf. — Durch Druck oder Reibung des Rings an einer Papageienkette können gleichfalls Verhärtungen, Geschwüre oder Lähmung hervorgerufen werden; in allen solchen Fällen ist der Ring sogleich zu entfernen und der Papagei, falls er noch nicht ungefesselt auf der Stange sitzen darf, in einen zweckmäßig eingerichteten Käfig zu bringen, wo der Fuß meistens von selber heilt und nur im bereits sehr schlimm gewordnen Fall, wie oben gesagt, zu behandeln ist. — Glücklicherweise selten kommt es vor, daß ein Papagei durch Hängenbleiben im Draht, in einer Ritze oder Spalte sich einen Zehnagel ausreißt oder denselben, bzl. den Fuß beschädigt. Heilung: Zunächst Kühlen mit Bleiwasser oder Waschen mit Arnikawasser, Trocknen vermittelst eines weichen Leinentuchs und Bepinseln mit Bleikollodium; Ruhe bestes Heilmittel. Vermag sich der Vogel nicht auf der Sitzstange zu halten, so muß der Boden des Käfigs mit Löschpapier belegt werden. — Verkrüppelte Zehen, meist durch lang dauernde Vernachlässigung verursacht, versucht man durch sorgfältigste Fußpflege, fleißiges Abbaden und zeitweise gelindes Zurechtdrücken zu heilen. — Unheilvoll ist der krankhafte Hang bei Papageien, sich einen Fuß zu benagen und wol gar ganze Zehen abzufressen. Heilung ohne Hebung der eigentlichen Ursache ist nicht zu erreichen; zunächst untersuche man, ob ein äußrer Reiz vorhanden, welchen man durch Baden der Füße, bzl. Waschungen und Reiben vermittelst eines

groben Leinentuchs in warmem Seifenwasser benehmen könnte.
Beruht die Krankheitsursache dagegen auf einem innerlichen
Leiden, so ist dasselbe wol schwierig aufzufinden und zu heben.
Bepinseln mit Aloëtinktur ist vergeblich angewendet worden.
Ein solcher Vogel, der erst an einem Fuß, dann am andern,
darauf an einem Flügel und schließlich sogar noch an weiteren
Körperstellen sich selber benagte und anfraß, wurde zunächst
an den btrf. Stellen jedesmal mit verdünnter Jodtinktur, dann
am ganzen Körper mit Karbolsäureöl bepinselt, schließlich in
einer starken Auflösung von Pottasche abgebadet und dadurch
geheilt. Fraglich bleibt es indessen immer, ob der krankhafte
Hang bei vorhandner innrer Ursache, wol gar den Folgen der
Sepsis, nicht doch stets von neuem zum Ausbruch kommt,
dann ist die Salicylsäurekur (s. S. 144) anzuwenden.

Gefiederkrankheiten werden theils durch winzige
Schmarotzer, welche sich in der Haut oder in den Federn selbst
einnisten, und die sich übertragen, also gleichsam ansteckend
wirken, theils durch Vernachlässigung und unreinliche Haltung,
theils aber auch durch krankhafte Anlage von innen heraus
verursacht. Erstere sind mannigfaltig und können entweder
Ausschlag=Erscheinungen (ähnlich wie die Krätze beim Menschen)
oder Zerstörung der Feder an sich hervorbringen. Um ihr
Vorhandensein festzustellen, bedarf es meistens mikroskopischer
Untersuchung; glücklicherweise sind sie aber dann fast sämmtlich
verhältnißmäßig leicht zu befehden. Federlinge nisten sich im
Gefieder ein und beschädigen es, aber nur selten in bedeut=
samer Weise; bei sachgemäß verpflegten Vögeln kommen sie
überhaupt kaum vor. Befehdungsmittel: Bepinseln der btrf.
Stellen mit Insektenpulvertinktur oder Perubalsam, darauf
Abbaden des Vogels in warmem Seifenwasser und gelindes
Einsetten der Federn mit Olivenöl. — Wenn kahle Stellen
sich bilden, insbesondre an Hinterkopf, Nacken, Schultern, an
denen die Haut sich abschuppt und dicke Schinn= oder gar
Schorflager entstehen, während in Wochen und Monaten keine

neuen Federn hervorsprießen, so haben sich auch hier thierische oder pflanzliche, mikroskopisch-kleine Schmarotzer entwickelt. Als erfolgversprechende Anordnung kann ich empfehlen: Bepinseln der btrf. Stellen einen Tag um den andern mit Perubalsam und an den dazwischen liegenden mit verdünntem Glyzerin, während man immer nach drei oder vier Tagen vermittelst eines in warmes Seifenwasser (am besten von milder Schmierseife, weicher oder Kaliseife) getauchten weichen Pinsels sorgsam abwäscht und den Vogel darauf für die nächsten Stunden in höherer Wärme hält. Dies Verfahren wiederholt man 8 bis 14 Tage hindurch. — **Sprödes, brüchiges, fehlerhaftes Gefieder** bei einem Papagei kann nicht allein gleichfalls in dem Vorhandensein von Federlingen, sondern auch darin begründet sein, daß, besonders bei Mangel an Badewasser oder bei irgendwelcher Erkrankung des Vogels, die Federn an sich krankhaft oder wenigstens nicht mehr ausreichend gefettet sind.

Eine der unheilvollsten Erkrankungen ist das **Selbstausrupfen der Federn**. Es macht einen schauderhaften Eindruck, wenn ein solcher gutsprechender, förmlich menschenkluger Vogel binnen kürzester Frist splitternackt mit Ausnahme des Kopfs dasteht und in widerwärtiger Weise jede hervorsprießende Feder an seinem blutrünstigen Körper sogleich wieder auszupft und gleichsam als Leckerei verzehrt. Man muß annehmen, daß diese unselige, krankhafte Sucht in unzweckmäßiger Ernährung, bzl. naturwidriger Verpflegung begründet ist, denn vorzugsweise solche Vögel fallen ihr anheim. Ob die unmittelbare Ursache aber in mikroskopischen, im Federschaft hausenden Schmarotzern, wie man vielfach glaubt, oder in mangelnder Bewegung, also der Unmöglichkeit sich auszulüften und infolgedessen in dem Hautreiz, welchen die Verstopfung der Poren durch den Federnstaub hervorbringt, oder in Säfteverderbniß und den durch diese bewirkten Reiz von innen heraus oder schließlich, wie manche behaupten, bloß in übler Angewohnheit, bzl. Langeweile, liege — das ist bis jetzt

mit Sicherheit noch keineswegs festgestellt worden. Vorbeugungs=
mittel: durchaus sachgemäße Ernährung, strengste Vermeidung
irgendwelcher Leckereien, besonders aber jeglicher naturwidrigen
Nahrungsmittel (Fleisch, Fett, Saucen, Kartoffeln, Gemüse
u. a.); dagegen stete sorgsame Versorgung mit Holz zum Be=
nagen s. S. 94), auch mit Kalk und Sand; möglichst fleißige
Beschäftigung mit dem Papagei. Alle versuchten Abhilfemittel;
die S. 122 vorgeschriebne Federnkur, Bepinseln der nackten
Stellen mit Aloëtinktur, Aufguß von Tabaks= oder Wallnuß=
blättern oder auch mit anderen bitteren oder ekelhaften Flüssig=
keiten, Bestreichen mit Insektenpulvertinktur, Einstreuen von
Insektenpulver, Schwefelblumen u. a., und noch mancherlei
Andres, sind entweder völlig erfolglos oder doch nur bedingungs=
weise erfolgreich gewesen. In Rotterdam legte man jedem
Selbstrupfer einen blechernen Halskragen um, doch wußte er
sich über denselben hinaus trotzdem das Gefieder zu vernichten
und zuletzt nagte er sich die Fußzehen an. Am meisten Aus=
sicht zur Rettung eines werthvollen Vogels bietet folgendes
Verfahren: Man bringt ihn in ganz neue Verhältnisse, in
einen geräumigen Käfig zur ausreichenden Bewegung, zum
Auslüften des Gefieders und gewährt ihm zugleich trocknen Sand
zum Scharren und bei warmem, trocknem Wetter auch darin zu
pabbeln, ferner wendet man die S. 122 beschriebne Federnkur
an, versorgt ihn streng naturgemäß nur mit Mais, Hafer,
Hanf, dazu etwas Obst, auch Grünfutter (ein Salatblatt, etwas
Vogelmiere, Dolbenriesche oder Resedakraut) und thierischem
Kalk (Sepia= oder gebrannte Austernschale) und beschäftigt
sich möglichst viel mit ihm. Herr Prediger Ottermann ließ
einen solchen Uebelthäter hungern, indem er ihm allmählich
die Nahrung bis auf den dritten Theil entzog, sodaß er matt
wurde. Diese Gewaltkur habe ich in folgendem abgeändert.
Wenn der Papagei vollbeleibt ist, und nachdem man das vor=
stehend angegebne Verfahren vergeblich versucht, lasse man ihn
einen Tag um den andern oder zwei Tage in der Woche

24 Stunden hungern, sodaß er während dieser Zeit durchaus nichts als Trinkwasser erhalte; dies geschehe 2—3 Wochen, vielleicht noch länger, wobei freilich immer auf seine Körperbeschaffenheit sorgsam zu achten ist. Durch dies Verfahren sind vortreffliche Erfolge erzielt worden. Einen wirklichen dauernden Heilerfolg kann man aber nur dadurch erreichen, daß man aufmerksam und mit vollem Verständniß jeden derartigen Vogel genau kennen zu lernen suche und ihn seiner Eigenart entsprechend und mit Rücksicht auf die in jedem einzelnen Fall obwaltenden Verhältnisse behandle. — Neuerdings, im Winter 1895/96, machte mir ein Papageienliebhaber, der vorläufig nicht genannt sein will, die Mittheilung von einer seltsamen Kur, durch die er einen sprechenden Papagei, eine weißstirnige Kuba-Amazone mit rothem Bauchfleck (Psittacus leucocephalus *L.*), der ein schlimmer Selbstrupfer war, mit bestem Erfolg geheilt habe. Er schreibt wörtlich: „Mein Mittel besteht aus gewöhnlichem Schweinefett mit Schießpulver vermischt. Man nehme auf etwa so viel wie eine Pflaume groß Fett zweimal soviel Schießpulver, als man zwischen den Fingern halten kann, mische beides gut mit einander, sodaß es wie eine dunkelgraue Salbe aussieht und reibe damit den Vogel tüchtig ein, besonders an den nackten Stellen, anfangs täglich, späterhin zweimal die Woche, dann noch seltner. Im ganzen rieben wir unsern Papagei in drei Wochen zehnmal ein. Dabei wurde er zweimal in der Woche mit lauwarmem Wasser abgespült, abgetrocknet und sofort wieder eingerieben. Die Salbe ist dem Papagei unschädlich, selbst wenn er sich durch Beißen von derselben zu befreien sucht. Schon drei Tage nach dem ersten Gebrauch dieses Mittels ließ das Beißen und Selbstrupfen nach und der ganze Körper bedeckte sich verhältnißmäßig schnell mit neuen hervorsprießenden Federkielen. In 14 Tagen hatte der Vogel bereits ein neues Gefieder, und dasselbe ist jetzt schöner als früher jemals."

Ungeziefer. Wenigstens bedingungsweise ist zu den

Krankheiten der Vögel auch die Plage seitens jener thierischen Schmarotzer, welche man als Ungeziefer bezeichnet, zu zählen. Milben (Vogelmilben, gewöhnlich, wenn auch nicht zutreffend, Vogelläuse genannt) suchen in mehreren Arten unsere gefiederten Stubengenossen heim. Die eigentliche Vogelmilbe (Dermanyssus avium, Dug.) ist winzig, eiförmig, hinten breit und plattgedrückt, anfangs weiß, dann braunroth (Mnch. 0,6—0,8 mm, Wbch. 0,8—1 mm) hält sich bei Tag meistens in Ritzen und Spalten der Käfige, Sitzstangen u. a. oder auch in den Federn des Vogels versteckt, regungslos, läuft nachts lebendig umher, um dann die Vögel anzugehen und Blut zu saugen. Auf Grund der Kenntniß dieser Lebensweise sind die Milben leicht zu befehden. Bei zweckmäßigen Käfigen und Sitzstangen kann Ungeziefer nur im Fall gröblicher Vernachlässigung, bzl. Unreinlichkeit vorhanden sein; besitzt man indessen noch Käfige von älter Herstellung oder haben neuangekaufte Vögel Ungeziefer eingeschleppt, so sind folgende Rathschläge zu befolgen. Ueberall wo sich flüssiges oder steifes Fett durch Bepinseln oder Einreiben gebrauchen läßt, werden dadurch die Schmarotzer ertödtet, denn es erstickt sie. Aber jedes Fett wird bald ranzig, verwandelt sich in übelriechende Masse oder es trocknet zu einer Schmutzborke ein, über welche die Milben bald ohne Behinderung fortlaufen; daher ist es nur anzuwenden, wo es durch Waschen mit heißem Wasser oder Soda- oder Pottaschenlauge leicht wieder entfernt werden kann. Nach vieljahrelanger Erfahrung habe ich festgestellt, daß einen durchaus sichern Schutz gegen alles Ungeziefer nur das Insektenpulver gewährt und zwar gleichviel, als Pulver an sich oder als Tinktur. Das Insektenpulver, welches von der Insektenpulverpflanze (Pyrethrum roseum s. persicum, kaukasische Wucherblume, persische Kamille, Flohtödter oder Flohgras) gewonnen wird, ist bekanntlich ein eigenthümliches Gift für alle Kerbthiere, während es für Menschen und alle höheren Thiere als unschädlich sich erweist; natürlich muß es völlig rein und nicht mit fremden, übelwirkenden Stoffen gemischt sein. Hat man durch Untersuchung mit dem Mikroskop festgestellt, daß ein Papagei an Milben leidet, so bepinselt man ihm alle nackten Stellen, insbesondre am Hinterkopf, an den Schultern und überall, wo er mit dem Schnabel nicht hingelangen kann, mit Insektenpulvertinktur, am nächsten Tage mit verdünntem Glyzerin, gewährt ihm an zwei Tagen, wenn es recht warm im Zimmer ist, Badewasser, schlägt drei bis vier Tage über und beginnt dann dieselbe Kur von neuem. Falls er freiwillig nicht badet, wird er wie S. 123 bei Gefiederpflege angegeben behandelt. Meistens ist er dadurch der Milben entledigt, und im schlimmsten Fall muß man das ganze Verfahren wiederholen. Vor allem aber muß, damit die Ungezieferbrut vonvornherein vertilgt werde, auch Käfig nebst Sitzstangen und sogar der Ort, an welchem der erstre bisher gestanden, mit heißem Seifenwasser gereinigt, gewaschen und abgescheuert und wenn dies nicht thunlich, die btrf. Stellen entweder vorsichtig eingeölt, darauf abgerieben und mit Insektenpulvertinktur bepinselt oder neu gekalkt, bzl. tapezirt werden. — Federlinge im Gefieder haben keine Bedeutung. — Bei allem übrigen Ungeziefer: Flöhen, wirklichen Läusen, Wanzen u. a. sind dieselben Anordnungen auszuführen.

Inbetreff etwaiger Uebertragbarkeit der Vogelkrankheiten auf die Menschen habe ich Folgendes mitzutheilen. Mehrfach ist die Warnung ausgesprochen worden, daß man sich hüten möge, Menschen, insbesondre Kinder, mit kranken Vögeln in Berührung gelangen zu lassen, da eine beiderseitige Ansteckung stattfinden könne. Kürzlich ist sogar in einer Bekanntmachung seitens einer Behörde eine dringende Warnung erlassen, nach welcher es als Thatsache feststehen sollte, daß die Diphteritis des Geflügels für Menschen ansteckend sei. Nach meiner Ueberzeugung, die auf Erfahrung von mehreren Jahrzehnten in der Haltung und Pflege von fremdländischen Vögeln beruht, ist der Uebergang einer Krankheit von Stubenvögeln auf Menschen und auch umgekehrt überhaupt nicht möglich. Allerdings kommen typhusähnliche Erkrankungen bei den Stubenvögeln vor und zwar vorzugsweise bei großen, wie den Graupapageien. Am bekanntesten ist der Hungertyphus (Blutvergiftung oder Sepsis, s. S. 141), aber bei demselben, wie auch bei andrer typhöser Erkrankung, findet eine Uebertragung auf den Menschen nicht statt. Im Lauf der Jahre habe ich Hunderte derartig kranker Vögel beherbergt, verpflegt und behandelt, ohne daß ich oder irgend Jemand von den zahlreichen Mitgliedern meines Hausstands jemals angesteckt worden; ebensowenig sind bei den Groß= u. a. Händlern oder deren Geschäftspersonal derartige Erkrankungen aufgetreten. Ich habe vielfach Vögel aus London u. a. bekommen, die unmittelbar aus den schmutzigen Behältern auf dem Schiff in den völlig ungereinigten Versandtkasten gebracht, von schmierigem Koth starrend, bei mir ankamen, ihr auf den Fußboden geschüttetes Futter in den Schmutz getreten und am letzten Tage dann noch zerschrotet hatten, was ihre dreckigen Schnäbel bezeugten, deren Trinkgefäß, anstatt des Wassers mit Schwamm, mit durchnäßtem und völlig in saure Gährung übergegangnem Weizenbrot gefüllt war. Diese Vögel, große Papageien, waren durch und durch krank, starben unter den Erkrankungszeichen des Faulfiebers und zeigten bei der Eröffnung und Untersuchung typhöse Blutvergiftung in hohem Grade. Trotzdem ist, wie gesagt, bei uns und in meinem weiten Bekanntenkreise noch niemals eine Krankheitsübertragung durch derartige Vögel vorgekommen, ebenso wenig in allen mir bekannten großen und kleinen Vogelhandlungen, bei denen ich in ganz Europa angefragt habe.

* * *

Ueberſicht der Heilmittel, nebſt Vorſchrift der Miſchungs=verhältniſſe und Gaben. Alle angeratheuen Arzneien kauft man in den Apotheken und zumtheil auch in Droguengeschäften. Ich bitte inbetreff derſelben Folgendes beachten zu wollen. Der Name an ſich bezeichnet nur das Mittel, wie es gefordert werden muß. Näheres über besondere Zubereitungen und die Anwendung ist hier bei den einzelnen Heilmitteln angegeben. — Die subkutanen Einspritzungen müssen vermittelst einer sehr kleinen Glasspritze mit äußerst fein ausgezogner Spitze, am besten am fleischigen Theil der Brust, beigebracht werden. — Inbetreff des Eingebens der Heilmittel muß ich im übrigen noch auf die S. 128 gegebenen Anleitungen hinweisen.

Abbinden von Fleischwucherungen, Warzen, Hauthörnchen u. a. s. S. 158.
Aether, Essig- oder Schwefeläther zum Einathmen, äußerst vorsichtig anzuwenden, einige Tropfen auf Watte geträufelt vor die Nasenlöcher zu halten.
Alaun, Auflösung in Wasser zum Pinseln 1 : 200—300. — Dämpfe von A.-Auflös., A. 1 : 30 W., durch Eintauchen eines glühenden Drahts Dämpfe zu entwickeln und dem Vogel zum Einathmen vor den Schnabel zu halten.
Aloëtinktur.
Althee s. Eibischwurzel.
Ameisenspiritus.
Antidotum arsenici wie Eisenoxydhydrat anzuwenden.
Arekanuß, fein gepulvert, in Wasser dünn angerührt und so einzugießen, 0,3, 0,5 —1 gr, einmal täglich.
Arnikatinktur-Gemisch, zum Heilen blutrünstiger Stellen, A. 1, Glycerin 5, Wasser 100. — **Arnikawasser**: A. 1—2 : 100 W.
Arsenik; bekanntes Gift; Auflös. in heißem destillirtem Wasser 1 : 500, 800—1000 zum Einspritzen einmal täglich 0,5—1 degr.
Atropin, schwefelsaures (Gift), Auflös. in dest. Wasser, 1 : 800—1000.

Bäder, Dampf- und warme s. Wasser.
Baldriantinktur (Tinctura valerianae simplex) 1—3 Tropfen auf ein Spitzgläschen Wasser, im Nothfall von der Verdünnung 6—10 Tropfen bis 1 Theelöffel voll einzugießen. — B. ätherische (T. val. aeth.) in gleicher Gabe.
Blaustein s. schwefelsaures Kupferoxyd oder Kupfervitriol.
Blei-Kollodium.
Bleisalbe (giftig).
Bleiwasser (Bleiflüssigkeit, Liquor plumbi, sog. Blei-Extrakt oder Bleiessig) 1 : 50 Wasser (giftig).
Bleiweißsalbe (giftig).
Borsäure, Auflös. in dest. Wasser 1—5 : 100.
Breiumschlag; in Wasser zum dicklichen Brei gekochte Hafergrütze mit Zusatz von etwas Hammeltalg, handwarm zwischen Leinen aufzulegen.

Charpie s. Wundfäden.
Chilisalpeter s. Natron, salpetersaures.
Chinarinde-Aufguß. Ch. 1 : 60—120 siedendes Wasser, davon 1—5 Tropfen bis 1 Theelöffel voll täglich zweimal einzugießen.

Chinawein, 1—5 Tropfen täglich zwei- bis dreimal in Trinkwasser oder auf erweichtem Weizenbrot.

Chinin, schwefelsaures (Chininum sulphuricum), Auflös. in best. Wasser 1:100—300 mit Zusatz von 1 Tropfen reiner Salzsäure, 3—5 Tropfen bis 1 Theelöffel voll dreimal täglich einzugeben; zum Einspritzen dieselbe Auflös., 1—2 dcgr einmal täglich.

Chlorflüssigkeit (Liquor chlori) innerlich, 1, 3—5 Tropfen in Wasser als Gabe dreimal täglich. — Chlorwasser, zum Pinseln: Chlorflüssigkeit 1:100—300 Wasser; zum Einspritzen ebenso verdünnt und 0,5, 1—2 dcgr täglich. (Giftig beim Einathmen).

Chlorkalk mit Salzsäure übergossen zur Chlorentwicklung beim Desinfiziren. — Chlorkalkwasser (Chlorwasser) zum Abscheuern von Geräthen und Desinfiziren überhaupt: Chlorkalk in Wasser beliebig angerührt.

Chloroform, bestes Betäubungsmittel bei allen Operationen, während alle übrigen derartigen Mittel hier noch nicht durch Erfahrung festgestellt sind. (Gefährlich).

Chlorwasser s. Chlorkalkwasser und Chlorflüssigkeit.

Dampfbad s. Wasser.

Dulkamara-Extrakt, Auflös. in Wasser 1:200—300, täglich zweimal 1—3 Tropfen, ½—1 Theelöffel.

Eibischwurzel-Abkochung s. Schleim.

Eisenchlorid-Flüssigkeit (Liquor ferri sesquichlorati) zum Blutstillen 1:100 Wasser; E.-Kollodium zum Blutstillen E. 1:4—5 Koll. — Eisenoxydhydrat, gallertartiges, 1:100, 300—500 Wasser zerrieben und davon 10—15 Tropfen halbstündlich. — Eisenoxydul, schwefelsaures oder Eisenvitriol (Ferrum sulfuricum dep.), Auflös. in best. Wasser 1:200, 300, 500—800, als Trinkwasser. — Eisenvitriol s. Eisenoxydul, schwefelsaures.

Essig, selbstverständlich immer bester, stärkster Weinessig, in Verdünnung von 1:5—10 Wasser; 1, 3, 5—10 Tropfen der Mischung einzuflößen; dieselbe Verdünnung äußerlich.

Fett s. Oel mildes; s. Salben.

Gipsbrei, feingepulverter Gips mit kaltem Wasser angerieben und schleunigst aufzutragen.

Glaubersalz, Auflös. in warmem Wasser 0,25, 0,50 gr als Gabe täglich ein- bis zweimal.

Glycerin, verdünnt mit Wasser. Zum Eingeben 1—2:10, dreimal täglich 5 Tropfen bis 1 Theelöffel voll. Zum Pinseln kahler, schinniger Stellen 1:5; zum Bepinseln der Nasenlöcher oder empfindlicher, bzl. entzündeter und wunder Stellen (auch nach Abbaden mit Seifenwasser) 1:10. — G.-Wasser zum Waschen 1—2:20. — G.-Salbe.

Haferschleim s. Schleim.
Heftpflaster.
Höllenstein oder salpetersaures Silberoxyd (Argentum nitricum fusum) Auflös. in dest. Wasser 1:300, 500—800 zum Eingeben 5 Tropfen bis ½ Theelöffel voll dreimal täglich; 1:10 zum Pinseln; der Stift an sich schwach angefeuchtet zum Aetzen. Giftig; Vorsicht bei Berührung, weil die Auflösung und der angefeuchtete Stift Haut, Kleidung u. a. dauernd schwarz färben. Jede H.=Auflösung muß in einem schwarz gefärbten oder mit schwarzem Papier umkleideten Gefäß aufbewahrt werden.
Hoffmannstropfen (Spiritus sulphuricus aethereus, Schwefeläther 1:3 Alkohol), 1—2 Tropfen in wenig Wasser, zwei= bis dreimal täglich. — Zum Einathmen wie Aether.
Holzessigdämpfe, H. 1:50—100 Wasser; wie Alaundämpfe.
Honig, zuverlässig reiner, unverfälschter, am besten daher Scheibenhonig.
Insektenpulver, balmatinisches, s. S. 170. — Insektenpulvertinktur s. S. 171.
Jod=Tinktur; verdünnt mit Spiritus 1:100—200, ein Tropfen mit wenig Wasser einzugießen, zweimal täglich (bei Sepsis); zum Pinseln bei Diph= theritis und gichtischer Gelenkentzündung dieselbe Verdünnung; um Dämpfe zum Einathmen zu entwickeln, verdünnt mit Wasser 1:100 und wie Alaun= dämpfe. (Giftig).
Kaffee=Aufguß, nicht Abkochung, selbstverständlich von reinen, guten Bohnen, ohne Beimischung; 1 Loth auf die Tasse und davon als Gabe 10 Tropfen bis 1 Theelöffel voll täglich etwa zweimal.
Kali, chlorsaures (Kali chloricum), zur Desinfektion, Auflös. in dest. Wasser 3—5:100; bei schwerem Lufttröhrenkatarrh mit Zusatz von Opium= tinktur 1—2 Tropfen auf 60 gr der Auflösung; zum Eingeben 1:200 bis 300 täglich dreimal 10 Tropfen bis 1 Theelöffel voll. — Kali, kohlen= saures, gereinigtes (Pottasche, Kali carbonicum depur.), Auflös. in Wasser 1—10:750; mit Zusatz von Opiumtinktur 1—3. — Pottasche, rohe zum Abscheuern, Auflös. in Wasser 1:10. P., rohe zum Abbaden 1:15 (Pottaschenlauge). — Kali, salpetersaures, gereinigtes (ger. Salpeter, Kali nitricum dep.) im Trinkwasser 0,01, 0,05,—0,1 gr als dreistündliche Gabe. — Kali, übermangansaures (Kali hypermanganicum) zur Desinfektion, aufgelöst in reinem Wasser, soviel, daß die Flüssigkeit stark kirschroth wird.
Kamphoröl. — Kamphorspiritus.
Karbolsäure=Oel, K. 1—2:100 Olivenöl. — K.=Salbe, K. 1:10—20 Schmalz. — K.=Wasser zum Auspinseln der Balggeschwüre, Bepinseln oder Besprengen der Schleimhäute 2:100—200; zum Bepinseln der Bürzel= drüse 1:400—500; zum Desinfiziren, Abscheuern der Käfige u. a. 1:10;

zum Eingeben 1, 3, 5 : 100 und hiervon 1—2 Tropfen im Theelöffel voll Wasser täglich dreimal als Gabe, zum Einspritzen 1 : 100—300, jedesmal 0,5 1—3 dcgr; zum Bepinseln des Schnabels, Reinigen von Wunden, Geschwüren u. a. 1 : 100—150.

Kochsalz, Auflös. in Wasser zum Nachpinseln bei Anwendung von Höllenstein, ebenso zum Reinigen der Nasenlöcher 1—3 : 100; zum Eingeben 0,1 bis 0,25 gr in wenig Trinkwasser.

Kollodium. — K., blutstillendes: K. 4—5 : 1 Eisenchlorydflüssigkeit. — Blei=Kollodium.

Kreosot=Dämpfe, K. 1—2 : 100 Wasser; s. Alaundämpfe.

Kupferoryd, schwefelsaures, Kupfervitriol oder Blaustein (Cuprum sulphuricum), an sich zum Aetzen, angefeuchtet, anzuwenden. — Kupfervitriol (Cupr. sulph. pur.), Aufl. in dest. Wasser 1—3 : 100 zum Pinseln. (Alle K.=Salze giftig).

Lakritzensaft, gereinigter in dünnen Stengeln.

Leinöl s. Oel.

Leinsamen=Abkochung und L.=Schleim s. Schleim.

Liniment aus Bleiessig und Baumöl oder Olivenöl 1 : 1. — L. aus Borsäure und Arab. Gummi=Schleim 1—5 : 100. — L. aus Kalkwasser und Leinöl 1 : 1. — L. aus Karbolsäure mit Arab. Gummischleim 1—2 : 100.

Löschwasser, aus jeder Schmiede zu erhalten, halbstündlich 1—2 Theelöffel voll.

Löwenzahnkraut=Extrakt 1 : 50—100 Trinkwasser.

Lunte zum Blutstillen: saubere zarte Leinwand wird entzündet, unter Luftabschluß, sobaß sie nur zu Kohle verglimmt.

Magnesia, gebrannte in einem Mörser oder einer Untertasse schwach angefeuchtet, tüchtig zu reiben und dann allmählich zum ganz dünnen Brei anzureiben. — M., kohlensaure, ganz ebenso anzuwenden.

Mandelöl s. Oel.

Myrrhentinktur.

Natron, doppeltkohlensaures (Bullrichsalz, Natrum bicarbonicum) zum Eingeben 0,5—1 gr in wenig Trinkwasser aufgelöst, täglich ein= bis zweimal. — Zusatz zu Kalmus= oder Pfefferminz=Aufguß 1 : 60. — N., kohlensaures, rohe Soda (N. carbonicum) zum Abscheuern 1 : 10 Wasser (Sodalauge). — N., phosphorsaures (N. phosphoricum) im Trinkwasser 1 : 100—200. — N., salicylsaures (N. salicylicum), Auflösung in destillirt. Wasser zum Eingeben, 1 : 100—300, zweimal täglich 10 Tropfen bis 1 Theelöffel voll; zum Einspritzen dieselbe Auflös. 1—2 dcgr einmal täglich. — N., salpetersaures (Chilisalpeter, N. nitricum purum) wie N., phosphorsaures. — N., schwefligsaures; unterschwefligsaures (N. subsulphurosum), Auflösung in warmem Wasser 0,5—1 gr täglich zweimal.

Oel, mildes, sog. Provencer= oder Olivenöl, bei sehr zarten Vögeln Mandelöl, bei gröberen auch wol Leinöl; darf nicht ranzig sein; niemals nehme man ein austrocknendes Oel, wie Mohnöl u. a. Zum Eingeben 10 Tropfen bis 1 Theelöffel voll. Leinöl ebenso als Wurmmittel, in größter Gabe $^1\!/_2$—1 Theelöffel voll, mit 1 Tropfen ätherischem Oel auf 10 Theelöffel voll. — Oelklystir s. Klystir.

Olivenöl s. Oel.

Opiumtinktur 1—5 Tropfen : 30 gr Trinkwasser; bei heftigen Erkrankungen in gleichen Gaben mit wenig Wasser einzuflößen. (Vorsicht!) — Opium= tropfen s. Ruhr S. 139.

Ozon; 5 : 1000 Wasser; solch' Ozonwasser erhält man in der Apotheke; im offnen Gefäß entwickelt sich das Ozon aus dem Wasser zum Einathmen; zum Einspritzen wird das O.=W. verdünnt 1 : 100—200 best. W., $0{,}5$—1 dcgr einmal täglich. (Vorsicht!)

Perubalsam.

Phosphorsäure in Wasser 1 : 200, 300—500, 3—5 Tropfen als Gabe zwei= mal täglich oder 1 Theelöffel voll auf ein Spitzgläschen Trinkwasser. (Vorsicht!)

Pottasche, s. Kali, kohlensaures.

Quecksilberchloryd oder salzsaures Quecksilberoryd; stark ätzendes Gift; Auflös. in heißem best. Wasser 1 : 500, 800—1000, zum Einspritzen einmal täglich $0{,}5$—1 dcgr. — Quecksilbersublimat s. Quecksilberchloryd.

Quecksilbersalbe.

Rainfarnwurzel wie Arekanuß.

Reiswasser s. Schleim.

Rhabarbertinktur, wässrige, 1—3 Tropfen auf ein Spitzgläschen voll Trinkwasser; auch wol R. 1 : 2—4 Wasser in 3—5 Tropfen einzuflößen. Ebenso R., weinige oder Rhabarberwein.

Rizinusöl, innerlich; am besten zur Hälfte mit Olivenöl gemischt und wie S. 139 und 141 angerathen einzugeben, 3—5 Tropfen, $^1\!/_2$—1 Theelöffel voll, letztere Gabe bei schweren Vergiftungen.

Rosmarinsalbe.

Rothwein; als wirksam erachte ich nur alten, echten, französischen, also Bordeaur=W., während der leichte französische und deutsche oder ungarische R. hier nicht als Heilmittel gelten kann. — R. mit Opiumtinktur: 1—3 Theelöffel R. : 1—3 Tropfen O.

Salben, milde: Glycerin=, sog. Rosen= und Vaselinsalbe.

Salicylsäure=Wasser, Auflös. von S. in heißem W. ohne Spirituszusatz zum Eingeben und Pinseln 1 : 300—500, Gabe, jedesmal erwärmt und um= geschüttelt, davon täglich 30 Tropfen in soviel Trinken, wie er über Tag verbraucht; zum Einspritzen 1:500, täglich einmal 0,₅—1 dcgr. — Salicylsäure-Kur s. S. 144. — Salicylsäure-Oel.

Salmiakgeist oder **Aetzammoniakflüssigkeit** (Liquor Ammonii caustici) zum Eingeben wie Hoffmannstropfen; zum Einathmen wie Aether. — S.-Mixtur: S. 0,₅ gr, Honig 5 gr, Fenchelwasser 50 gr, täglich mehrmals 3—5 Tropfen bis ½ oder sogar 1 Theelöffel voll als Gabe.

Salpeter, s. Kali, salpetersaures.

Salz s. Kochsalz. — Salze, phosphorsaure s. Natron, phosphorsaures. — **Salzsäure**, reine (Acidum hydrochloratum purum), 1 Tropfen auf ein großes Weinglas voll Wasser. — S., rohe oder Chlorwasserstoffsäure zur Chlorentwicklung sowie zum Abscheuern von Geräthen u. a., letzternfalls mit Wasser verdünnt 1:5. — Salzwasser s. Kochsalz.

Sandbad, warmes, s. S. 140.

Schleim. Eibischwurzel-Abkochung: S. 1:15 Wasser, gelinde gesiedet und dann abgeseiht; besser, wenn die E., in feine Würfel zerschnitten, nur über Nacht in Wasser eingeweicht wird. — S. von Hafergrütze, Leinsamen u. a., erstre sehr dünn abgekocht, vom letzten 1 Theil in 15 Theil kalten Wassers mehrere Stunden eingeweicht, unter zeitweisem Umrühren und dann durch Mull abgeseiht, besser als Abkochung. — Reiswasser; wie gewöhnlich in Wasser abgekochter Reis wird mit einer Kelle fein zerrieben und mit heißem Wasser stark verdünnt, dann nach dem Erkalten abgegossen. NB. Täglich mehrmals erwärmt.

Schlemmkreide darf keinenfalls verunreinigt sein.

Schwefel (Sulphur crudum) in Stangen oder Stücken zum Ausschwefeln (Desinfiziren). — Schwefelfäden ebenso. — Schwefelblumen (Sulphur sublimatum). — **Schwefelmilch** (Sulphur praecipitatum) mit Wasser 1:200 angerieben, täglich zwei- bis dreimal 3—5 Tropfen, ½—1 Theelöffel voll. — **Schwefelsäure** (Acidum sulphuricum purum), 1 Tropfen auf ein großes Weinglas voll Trinkwasser. — Schwefel- oder sog. Krätzsalbe (meistens für den Vogel giftig, daher die Füße in Leber einzunähen s. S. 164).

Seifenwasser nicht nur als Reinigungs-, sondern auch als Heilmittel, sollte niemals aus scharfen, auch nicht aus harten Kaliseifen, sondern stets aus der stark glyzerinhaltigen Elaïn- (sog. grünen oder schwarzen S.) hergestellt werden.

Soda s. Natron, kohlensaures.

Stärkemehl, am besten feinste Weizenstärke.

Tannin, Auflösung in Wasser zum Auspinseln der Augenschleimhäute, auch des Rachens 1:100—200; bei schwerem Luftröhrenkatarrh ebenso, mit Zusatz von Opiumtinktur 1—2 Tropfen auf 60 gr der Auflös. — Dämpfe von T.-Auflös. 1:300 und wie Alaun-Dämpfe. — Zum Eingeben 1:100—300 und davon 3—5 Tropfen, ½—1 Theelöffel täglich zweimal. — Zum Einspritzen wie Salicylsäure.

Theerdämpfe, Holztheer (nur solcher) 1:50 Wasser; s. Alaundämpfe.
Terpentinöl, gereinigtes oder rektifizirtes, innerlich 1—5 Tropfen in Wasser, als Gabe zwei- bis dreimal täglich.

Vaselinesalbe.
Verbandspäne, norwegische.

Wasser, kaltes an sich, ist eins der größten Reizmittel; auch zum Kühlen und zum Begießen bei Krämpfen muß es daher stubenwarm sein. W., destillirtes, wird für alle Auflösungen von Arzneien gebraucht, für manche von Salzen u. a. ist es unentbehrlich; nur im Nothfall ist es durch Regenwasser, kaum durch abgekochtes Wasser zu ersetzen. — Dampfbad: Man setzt den Vogel auf ein mehrfach zusammengelegtes dickes Leinentuch, welches über einen Topf mit stark handwarmem Wasser gebreitet ist und deckt ihn mit einem Zipfel lose zu, jedoch so, daß er nicht erstickt. Hier läßt man ihn ½—1 Stunde sitzen, erneuert das warme Wasser mehrmals, wickelt ihn dann in erwärmte lose Baumwolle, deckt darüber ein Tuch so, daß nur der Kopf frei bleibt und bringt ihn auf eine warme Stelle, wenn möglich warmen Sand, bis er völlig abgetrocknet ist. In der warmen Stube setzt man ihn dann in die Nähe des Ofens. — Lauwarmes Bad 26—28°; warmes Bad 28—30°.

Wasserdämpfe (feuchtwarme Luft): Den kranken Vogel stellt man auf einen Rohrstuhl und überhängt seinen Käfig nach Entfernung der Schublade möglichst dicht bis zum Boden herunter mit einem großen Leinentuch. Dann setzt man eine geräumige Schüssel mit recht warmem Wasser, welches etwa viertel- bis halbstündlich erneuert werden muß, unter den Stuhl, sodaß der Wasserdampf den Raum des Käfigs möglichst von allen Seiten durchdringt. Bei gewissen schweren Erkrankungen löst man bei der jemaligen Erneuerung des heißen Wassers einen Theelöffel voll guten frischen Holztheer darin auf. Andere starke Theerdämpfe s. oben.

Wasserglas entnimmt man am besten sogleich aufgelöst.
Watte, blutstillende.
Wundfäden (Charpie), sauberste welche Leinwand, fein und kurz ausgezupft. — Wundwatte.
Wurmfarnwurzel wie Arekanuß.

Zinksalbe.
Zinkvitriol, reines (Zincum sulphuricum purum), Auflös. in destillirtem Wasser 1—3:500, zum Pinseln und Umschlag. (Giftig).
Zitronensaft, bzl. -Säure wie Salzsäure.
Zuckerkand oder Kandiszucker, in reinen weißen Krystallen.

www.ingramcontent.com/pod-product-compliance
Lightning Source LLC
Chambersburg PA
CBHW031437160426
43195CB00010BB/758